海南省外来入侵生物发生与监测

——水葫芦、薇甘菊、空心莲子草和福寿螺

黄　锋　王树昌　邢建平　主编

中国农业出版社
北　京

编委会

《海南省外来入侵生物发生与监测》

序

PREFACE

生物入侵被认为是仅次于生境破坏的对生物多样性的第二大威胁，不仅严重破坏当地的生态安全，造成生态失衡，而且危害农林业生产，甚至危及人类的生命健康。中国是遭受外来物种入侵最严重的国家之一。近年来全球变暖加剧了生物入侵进程，《2020年中国生态环境公报》显示，我国已发现660多种外来物种，造成的经济损失每年已达1 198亿元，占到国内生产总值的1.36%（中华人民共和国生态环境部，2021；毛清芳等，2021；宋佳琳等，2022）。2021年1月，农业农村部、自然资源部、生态环境部、海关总署、国家林草局联合印发《进一步加强外来物种入侵防控工作方案》，从普查调查、口岸防控、综合治理等9个方面，全面部署推进外来物种入侵防控工作。国家各部门通过电视报刊、专题讲座、短视频等多种渠道，加强外来入侵物种防控科普宣传，举办外来入侵物种防控系列宣传培训活动，提升广大人民群众防控意识，增强基层人员识别和防控能力。教育部指导各地在相关课程教材及教学活动中，引导学生了解外来物种入侵危害。总体要求是：到2025年，外来入侵物种状况基本摸清，法律法规和政策体系基本健全，联防联控、群防群治的工作格局基本形成，重大危害入侵物种扩散趋势和入侵风险得到有效遏制；到2035年，外来物种入侵防控体制机制更加健全，重大危害入侵物种扩散趋势得到全面遏制，外来物种入侵风险得到全面管控。2022年农业农村部联合多部门部署推进外来物种入侵防控工作，指出要坚决贯彻党中央、国务院决策部署，深入落实《进一步加强外来物种入侵防控工作方案》和2022年防控工作要点，持续强化源头预防、综合治理、联防联控、群防群治，不断提升外来物种入侵防控能力和治理水平（农业农村部等，2021）。

水葫芦、薇甘菊、空心莲子草和福寿螺4种重要外来入侵生物于2003年被国家环境保护总局、中国科学院列入中国首批外来入侵物种名单，也是海南省最重要的外来入侵物种。薇甘菊和福寿螺原产于南美洲和中美洲，水葫芦和空心莲子草起源于南美洲，而海南地处热带，气候条件与南美洲相似，适宜4种外来入侵生物的定殖和生长，是其最适生区，因此其入侵海南后扩散蔓延速度快，为害重。其中水葫芦的大面积入侵为害不仅阻塞河道、水沟，甚至抢占水蕨和水菜花（国家二级保护植物，在中国仅分布在海南）的生存空间。薇甘菊大量生长，覆盖椰子、槟榔、三角梅等重要热带果树、园艺作物，对其生长造成严重威胁。水生空心莲子草大面积覆盖水域，堵塞航道、阻碍交通，降低水体溶氧量，影响鱼类生长，影响农田排灌，给航运及水产养殖业带来巨大损失；陆生空心莲子草破坏绿化，滋生蚊蝇，危害人类健康，危及生物多样性，破坏生态环境。福寿螺作为全球100种恶性外来入侵物种之一，繁殖力强，食性广，食量大，见青就食，是农作物尤其是水稻的重大威胁，受到福寿螺为害，农作物大幅度减产。

为有效预防和阻断其蔓延扩散，最大限度降低这4种重要外来入侵有害生物在海南省的危害，自2018年开始，相关部门制订调查方案，采用《外来草本植物普查技术规程》（NY/T 1861—2010）《外来入侵植物监测技术规程　薇甘菊》（NY/T 1865—2010）《空心莲子草综合防治技术规程》（NY/T 2153—2012）《水葫芦综合防治技术规程》（NY/T 3019—2016）和《福寿螺综合防治技术规程》（NY/T 2152—2012）标准，在海南省18个市（县）共设定506个调查点，对水葫芦、薇甘菊、空心莲子草和福寿螺的发生情况（繁殖、蔓延和危害）进行调查与监测，分析其演替规律和危害趋势，为其防治预案的制定和有效控制提供基础。

编者

2023年9月

目录

CONTENTS

第一章
海南省气候环境与外来入侵生物

第一节　海南省18个市（县）农业气候环境

一、基本情况

海南省除三沙市之外的18个市（县），共195个乡（镇）、2 374个村委会、14 037个自然村。各市（县）情况详见表1-1。

表1-1　海南省18个市（县）基本情况

市（县）	总面积/km^2	乡（镇）/个	村委会/个	自然村/个
海口市	3 145	22	245	2 342
三亚市	1 919	—	92	491
儋州市	3 394	16	276	1 431
澄迈县	2 072	11	176	867
文昌市	2 488	17	290	3 291
琼海市	1 710	12	189	
万宁市	1 883	12	201	1 635
东方市	2 256	10	192	—
临高县	1 317	10	176	880
陵水黎族自治县	1 128	11	114	585
乐东黎族自治县	2 766	11	—	
昌江黎族自治县	1 569	8	73	179

（续）

市（县）	总面积/km^2	乡（镇）/个	村委会/个	自然村/个
定安县	1 189	10	108	935
屯昌县	1 232	8	104	—
保亭黎族苗族自治县	1 166	9	62	463
琼中黎族苗族自治县	2 705	10	—	521
白沙黎族自治县	2 117	11	76	417
五指山市	1 169	7	—	
合计	35 225	195	2 374	14 037

注：数据来源于海南省统计年鉴、各市（县）统计年鉴。

二、农业气候环境

1. 气候

各市（县）的年平均气温、年平均降水量和年平均日照时间详见表1-2。

表1-2 海南省18个市（县）气候情况

市（县）	年平均气温/℃	年平均降水量/mm	年平均日照时间/h
海口市	24.3	2 031	2 300
三亚市	25.7	1 652	2 534
儋州市	23.9	1 815	2 070
澄迈县	23.8	1 786	2 059
文昌市	23.9	1 721	1 953
琼海市	25.1	2 053.5	1 972.6
万宁市	24.1	2 389	1 780
东方市	24.5	1 150	2 630
临高县	23.5	1 417.8	2 190
陵水黎族自治县	25.4	1 717.9	2 261.6

（续）

市（县）	年平均气温/℃	年平均降水量/mm	年平均日照时间/h
乐东黎族自治县	25.1	1 353.7	2 300
昌江黎族自治县	24.6	1 320	2 300
定安县	24	1 953	1 880
屯昌县	23.4	1 690	2 180
保亭黎族苗族自治县	22.6	2 038	1 961
琼中黎族苗族自治县	22	2 322	1 800
白沙黎族自治县	22.6	1 725	2 056
五指山市	22.4	1 690	2 000

2. 土壤

（1）海口市

海口市土壤类型有玄武岩砖红壤、火山灰幼龄砖红壤、砂页岩砖红壤、带状潮沙泥、滨海沙土。土壤土种共 8 个土类、12 个亚类、43 个土属、110 个土种。

（2）三亚市

三亚市山地、丘陵面积较大，地形较复杂，从山地的最高点至滨海最低点，相差 1km 以上，山地植被丰富，被盖良好，土壤可分为 6 个亚类：山地黄壤、赤红壤、砖红壤、燥红土、潮沙泥土、滨海沙土。旱地土壤多数是在丘陵坡地、台地及滨海沙土地，分布在全市各地，宜种甘蔗、番薯、花生、豆类等旱地作物，面积约 5 874hm^2，占耕地面积的 6.3%。主要土壤类型有 4 个亚类：耕型砖红壤、燥红土、潮沙泥土、滨海沙土。

（3）儋州市

儋州市土壤有砖红壤、水稻土、紫色土、潮沙泥土、沼泽土、石质土、菜园土、滨海盐渍沼泽土、滨海沙土、红色石灰土、赤红壤 11 个土类。

(4) 澄迈县

澄迈县土壤划分为水稻土、砖红壤（赤土）、潮沙泥土、菜园土、滨海沙土、石质土，共 6 个土类、13 个亚类、49 个土属、164 个土种、11 个变种。其中砖红壤（赤土）面积为 128 500hm^2，水稻土为 23 213hm^2。

(5) 文昌市

文昌市土壤类型有 6 个土类、11 个亚类、41 个土属、107 个土种、10 个变种。形成这些土壤的母质主要是：浅海沉积物、玄武岩风化物、辉长岩风化物、砂页岩风化物、花岗岩风化物、河流沉积物。浅海沉积物和砂页岩风化物作为土壤母质占比达 67.0%，比重较大，这些土壤是属于风化时间较短的土种，所以造成文昌市东北部地区土壤瘦瘠。对该市土壤的基本评价是：①土壤耕作层浅，超过 20cm 的 22%；②养分绝对含量少，耕作土壤有机质平均含量仅有 2.0%；③偏酸性，全市土样 pH6.5 以下的占 82.1%；④土壤偏沙，沙土、沙壤土占 85.4%。

(6) 琼海市

琼海市土壤分类为 11 个土类、16 个亚类、45 个土属、105 个土种。主要土类为：水稻土、黄壤、赤红壤、砖红壤、紫色土、菜园土、潮沙泥土、滨海盐渍沼泽土、滨海沙土、沼泽土、石质土。

(7) 万宁市

万宁市主要土壤为土母岩，母质为花岗岩，少量为砂页岩。土壤划分为 7 个土类、12 个亚类、38 个土属、83 个土种。7 个土类是：黄壤、赤红壤、砖红壤、水稻土、潮沙泥土、滨海盐渍沼泽土、滨海沙土。水稻土分为淹育型、潴育型、渗育型、潜育型、沼泽型、盐渍型。水稻土以潴育型水稻土面积最大，占水稻土面积的 77.2%，其次是渗育型水稻，面积占 8.0%。

（8）东方市

东方市土壤分布为：西部沿海是滨海沙土、燥红土、潮沙泥土、燥红土地、潮沙泥地、燥红土田、潮沙泥田；中部低丘地带是足麻（页）褐赤土、红色石灰土、麻（页）褐赤土地、麻（页）褐赤土田等；东部山区是地足麻（页）黄壤、麻（页）赤红壤、麻（页）赤土、石质土、潮沙泥土、麻（页）赤土地、潮沙泥地、麻（页）赤土田、潮沙泥田、宽谷冲积土田。

（9）临高县

临高县大部分土地属由玄武岩风化发育而成的红壤土，其次是由浅海沉积和河流冲积发育而成的沙质土，土层深厚，含有机质多，土壤肥力好。

（10）陵水黎族自治县

陵水黎族自治县的土壤基本上划分为4个土类、14个亚类、28个土属，主要有花岗岩山地黄壤、花岗岩砖红壤性红壤、花岗岩砖红壤、滨海沙土等。

（11）乐东黎族自治县

乐东黎族自治县土壤类型多种，母岩和成土母质多样，主要土类为热带山地黄壤、热带山地砖红性红壤、砖红壤、燥红土、沼泽土、潮土、水稻土等。

（12）昌江黎族自治县

昌江黎族自治县土壤分为10个土类、19个亚类、46个土属、122个土种。土类主要有山地黄壤、砖红壤性红壤（亦红壤）、砖红壤、水稻土、滨海沙土等。

（13）定安县

定安县土壤由东北至西南依次分为由浅海沉积物发育而成的黄赤土（硅质砖红壤）、由砂页岩发育而成的黄红赤土（黄色砖红壤）、由玄武岩发育而成的赤土（铁质砖红壤）、由火山岩发育而成的幼龄赤土（砖红壤性土）、由花岗岩发育而成的红赤土（砖红壤）。

(14) 屯昌县

屯昌县的土壤为热带砖红壤。土壤的成分和特性为：黏土（黑黏、鸡血黏、黄黏、白黏、粉黏）占耕地面积的20%，主要分布在埇田、山坑田；壤土占40%，主要分布在坡地和洋田；其余为沙壤土，主要分布在坡地上。

(15) 保亭黎族苗族自治县

保亭黎族苗族自治县土壤属山地砖红壤地带，据土壤普查统计，全县共有4个土系、8个亚类、35个土属、140个土种。四大土类为山地黄壤、山地赤红壤、砖红壤、水稻土。

(16) 琼中黎族苗族自治县

琼中黎族苗族自治县的土壤主要由花岗岩和少量紫色砂岩、砂页岩、安山岩风化而成。按成土母质的不同，全县共分为南方山地灌丛草甸土、黄壤、赤红壤、砖红壤、红色石灰土、紫色土、水稻土7个土类，14个亚类，37个土属，103个土种。

(17) 白沙黎族自治县

白沙黎族自治县土壤主要为黄壤、赤红壤、砖红壤、水稻土、紫色土、河流冲积土6个土类，其中赤红壤和砖红壤面积占全县土地总面积的84.6%。赤红壤分布于350～750m的低山（少部分高丘）；砖红壤主要分布于海拔350m以下的丘陵、台地。

(18) 五指山市

五指山市地形复杂，土壤类型多种，既有地带性土壤，也有非地带性土壤。地带性土壤主要有山地黄壤、山地赤红壤、砖红壤。非地带性土壤有水稻土，分为潴育型水稻土、潜育型水稻土、沼泽型水稻土、渗育型水稻土、淹育型水稻土5个亚类。

3. 地形地貌

(1) 海口市

海口市地形略呈长心形，地势平缓。海南岛最长的河流——南渡江从海口市中部穿过。南渡江东部自南向北略有倾斜，西部自北向南倾斜，西北部和东南部较高，中部沿岸低平，北部多为沿海小平原。全市除石山镇境内的马鞍岭（海拔222.8m）、旧州镇境内的旧州岭（海拔199.9m）、甲子镇境内的日晒岭（海拔171m）、永兴镇境内的雷虎岭（海拔168.3m）等38个山丘较高外，绝大部分为海拔100m以下的台地和平原，马鞍岭为全市最高点。地表主要为第四纪基性火山岩和第四系松散沉积物，呈较大面积分布，滨海以滨海台阶式地貌为主，西部以典型的火山地貌为主。全市地貌基本分为北部滨海平原区，中部沿江阶地区，东部、南部台地区，西部熔岩台地区。

（2）三亚市

三亚市北高南低，北面环山，南面临海，从北至南分布着山地、丘陵、台地、河流谷地、平原等地形。全市总面积1 919km^2。地形构成为山地占33.4%，丘陵占26.2%，台地占15.5%，河流谷地占2.6%，平原占23.3%。东西长91.6km，南北宽51.75km。自东至西由福万岭—黄岭—云梦山连成一条横向山系，将南部沿海丘陵、台地、平原和北部的山地分开。而南部，又由南北走向的鹿回岭—田岸后大岭—海圮岭—牙龙岭和荔枝岭—塔岭两条山系，把南部分成3个区域。全市形成北部山地，东部平原，南部平原、丘陵，西部丘陵、平原4个地块。

（3）儋州市

儋州市南部属印支穹隆构造，形成波状低丘陵，主要露出中生代第二期侵入的花岗岩、寒武系陀烈群变质岩、白垩系板万群和少量第四纪海相地层。南部有铁、锡、水晶、石灰石等矿藏。北部属雷琼沉降带之南端，形成缓坡阶层，主要露出新生代晚期喷出的玄武岩和第四纪海相地层。第四纪海相地层有褐煤、石英砂、油页岩、重晶石等矿藏，储量丰富。儋州市地处海南岛西北部丘陵地带，地形以丘陵为主，丘陵占全市面积的76%，平原台地占23.6%，山区占0.4%。地势由东南向西北逐渐倾斜下降，东南高、西北低，南部和东南部属低丘陵区，地面标高

100～200m，13座500m以上的山峰分布在这一带。北部和西北部属滨海平原台地和火熔岩台地，较平坦，高5～100m，海岸线225km，曲折绵亘。

（4）澄迈县

澄迈县地势南高北低，自南向北呈阶梯状递降，南部为丘陵山地，中部为河积平原，北部为台地和海积平原。澄迈县毗邻海口，地形和地貌与海口很相近，主要以平原为主，南部有少量丘陵，土壤以砖红壤为主，土地肥沃。除此之外，澄迈县还有长达89.8km（含内湾线）的海岸线，内港湾有浅海涂滩1 533hm^2，海水有机物质丰富，是海水养殖的理想基地。各种鱼类资源丰富，沿海风光绮丽，沙白水清，环境保护完好，是开辟海边旅游度假景点的黄金地带。

（5）文昌市

文昌市属于低丘台地平原地带。平均海拔高度42.55m，地势由西南内陆向东北沿海倾斜。东北部地势平坦属于平原阶地，海拔在50m以下，唯有铺前镇七星岭（海拔117m）、翁田镇抱虎岭（207m）、龙楼镇铜鼓岭（388m）3座孤丘分布在东北沿海上。西南部地势起伏不平，属于低丘台地，海拔在50～150m，超过150m的很少。全市地貌分为五大类：平原阶地为199 520hm^2，占土地总面积的84.8%；台地为19 093hm^2，占8.1%；低丘为11 907hm^2，占5.1%；滨海沙滩为3 733hm^2，占1.6%；孤丘为947hm^2，占0.4%。

（6）琼海市

琼海市背山面海，母瑞山余脉自西向东延伸而入，构成了全境地势自西向东倾斜的特点。西部和西南部为山区、半山区，面积为347.06km^3，占20.5%；中部和北部为台地、丘陵，面积为714.44km^2，占42.2%；东南部为平原地带，面积为567.15km^2，占33.5%。水域面积64.32km^2，占3.8%。万泉河自西向东流经10个乡（镇）后注入南海。地貌类型主要为中低山剥蚀地貌、剥蚀丘陵、剥蚀波状平原、玄武岩台地、海积地貌。

(7) 万宁市

万宁市西部属山区，山深林密，层峦叠嶂，连绵其间；中部丘陵起伏绵延；东部有零星小山头突起。800m 以上的山岭有 10 座，其中牛上岭海拔 1 288m，分布在南桥乡西部与琼中县交界处，自东南向西北延伸，是万宁市境内最高峰。500～800m 的山岭有 35 座。500m 以下的丘陵绝大部分分布在西南部和西北部地区的三更罗乡、南桥乡、新梅乡、北大乡一带。

(8) 东方市

东方市东枕群山，西临大海，地势自东向西倾斜，依次为山地、丘陵、台地和平原，近海为阶地平原。境内有 4 条主要山脉：一是和乐东县交界的尖峰岭山脉；二是与昌江县交界的俄贤岭山脉；三是与昌江县、燕窝岭相接的旧村岭山脉；四是同玉龙岭连接的观音崩山脉。东部山地由旧村岭、马岭、打岸岭、俄贤岭、玉龙岭等山脉构成东方盆地。

(9) 临高县

临高县地势平缓，自南向北缓慢倾斜。南部与东南部为丘陵，中部及西北部为河积平原和海积平原。南部有马鞍岭、大寒岭、美郎岭、黑岭、美钦岭、白石岭；中部偏东有多文岭；北部有高山岭。台地海拔在 50～100m，坡度为 50°～150°。位于东江乡的马鞍岭海拔 306m，为境内最高山峰。

(10) 陵水黎族自治县

陵水境内地势西北高、东南低，西北部为山区，中部为丘陵区，东南部为平原区，自西北向东南倾斜。东北部西南走向的吊罗山脉与西北部东南走向的七指岭山脉呈“八”字形相交于县域西北部，将东部浅海沉积平原团团包围，形成海南岛著名的陵水盆地。盆地内部零星分布着两大山脉及余脉延伸形成的孤丘和台地。从沿海至北部山区，依次表现为沿海林地（带）、平原耕地、丘陵园地（橡胶）和低山林地的地类分布规律。

(11) 乐东黎族自治县

乐东黎族自治县的地域，呈多种地貌类型。北、东及东南面山脉环绕，地势西北和东北部高，海拔 1 000m 以上的山峰聚集连绵，东北至西南方向上 500～800m 的低山横亘起伏，中部和东北部及昌化江两岸为宽广的丘陵盆地，西南部为海拔 50m 以下的滨海平原和台地，低平开阔，形成了东、北、西三面环山，西南部向南海敞开的特点，犹如一个大马蹄，呈阶梯状下降。

(12) 昌江黎族自治县

昌江黎族自治县地处五指山余脉的西北侧，地形地貌复杂。地势为东南高、西北低，自西北向东南由平原阶地—台地—丘陵—山地逐级上升。自西北海面海拔 30m 向东南逐级上升达 1 654m，形成西北平原、中部台地、东南山地的背山面海的地理环境，境内南北分别由昌化江和珠碧江夹持，注入大海。辖区东西最大距离为 21.5km，南北最大距离为 75km，总面积为 1 617km^2。其中，陆地 1 500km^2，占 92.8%；水域 30.98km^2，占 1.92%；另有 12n mile 以内海域面积 866.7km^2。

(13) 定安县

定安县地势南高北低，南部有部分丘陵，海拔 200m 以上，约占总面积的 6.1%，南部边界上的南牛岭海拔 512.6m，是全县最高点；北部是谷地平原，海拔 50m 以下，约占总面积的 24.4%；其他地方多属台地残丘地形，坡度平缓，高度 50～200m，占总面积的 69.5%。定安县主要山岭有南牛岭、加东岭、西坡岭、分界岭、龟石岭、黄竹岭、大总岭、鹿温岭、公高岭、双头岭、海公岭、蒙花岭、石帽岭、宣武岭、中田岭等，海拔均在 300m 以上。金鸡岭、尖岭、风门岭在定安县也较有名。

(14) 屯昌县

屯昌县属低山丘陵地带。屯昌县的地貌分五大类：第一，低丘缓坡台地为56 334hm^2，占全县总面积的45.8%；第二，平原为12 835hm^2，占10.4%；第三，高丘为29 143hm^2，占23.7%；第四，低山为4 642hm^2，占3.8%；第五，丘陵盆地与广谷为19 560hm^2，占16.3%。

（15）保亭黎族苗族自治县

保亭黎族苗族自治县属丘陵山区，由于山脉的切割，地形错综复杂，大体由山地、丘陵、台地、河谷阶地组成，地势西北高东南低。海拔500m以上的山地约有712km^2，占全县总面积的38.7%，主要分布在该县的西北部；海拔100～500m的丘陵约有689.7km^2，占37.5%；海拔100m以下的台地有276.4km^2，占15%；河谷阶地约有161.7km^2，占8.8%。海拔500m以下的地区合计1 127.8km^2，占61.3%，主要分布在该县的东南部。全县最高的地方是东北部的亲尊岭，海拔为1 445m，最低地段是藤桥西河合口桥下，海拔仅10m。

县境内和边界上高山连绵，峰峦起伏。主要山岭有122座，均为五指山脉向南放射延伸。北面从香蕉岭起，向西经水贤岭、创造岭、石土岭、亲尊岭、生毛岭、阿陀岭等10多座海拔1 000m以上的大山，形成一条东西走向的高山群；西部的好悟岭向东南经峨屈岭、甘蔗岭、鹅毛岭、鹅灶岭、同安岭等构成一组由西北向东南走向的山群；中部从七指岭，向西经三角岭、九瞌岭、铁钻岭、大本岭、昂日岭至马嘴岭，形成又一条东西走向的大山群；南部从常树岭起，向西经瘳二岭、六大岭、芒丛岭、万俄岭、什被岭、什各岭、运带岭、多石岭等连成另一条东西走向的中等山脉。

（16）琼中黎族苗族自治县

琼中黎族苗族自治县地貌呈穹隆山地状，地势自西南向东北倾斜。西南部的五指山最高，然后依序为中山、低山、高丘、低丘、台地、河流阶地、倾斜冲积平原，逐级下降形成层圈地貌。境内海拔1 000m以上的山峰有52座。西南部和北部为中山、低山区，东部和东北部为丘陵、台地及少量冲积平原。

(17) 白沙黎族自治县

白沙黎族自治县地处五指山腹地，地势陡峻，东南高、西北低，自东南向西北倾斜，整个地形由山地、丘陵、少部分平原组成。海拔低于120m的平原分布在荣邦乡和邦溪镇、七坊镇2个镇；海拔低于200m的低丘陵分布较广，全县11个乡（镇）都有一部分。大部分地区丘陵起伏，高山绵延，按地形高程划分，海拔在200m以上的山地有1 622km^2（其中海拔400m以上的占40%），海拔100～200m的丘陵有412km^2，海拔100m以下的平原有83km^2。境内山岭属五指山脉。海拔在500～1 000m的山岭有418座，海拔1 000m以上的高山有22座，其中海拔超过1 500m的有鹦歌岭、马域岭、石板岭、白石岭等，鹦歌岭为境内最高山岭，海拔1 811.6m。

(18) 五指山市

五指山市地貌呈盆凹山地状，地势总体呈四周高、中心低，东北高、西南低，以市区为中心，逐次往外，地势有增高趋势。全市地形以山地、丘陵为主，有少量河流阶地和低洼盆地，海拔高度多在500～1 000m，1 000m以上山峰有34座。最高峰是五指山，海拔为1 867.1m，位于五指山市东部与琼中黎族苗族自治县交界处。

4. 河流水域

(1) 海口市

海口市自产水资源总量为19.07亿m^3，水资源总量折合地表径流深为830mm。海南岛最长的河流南渡江从海口市中部穿过入海，南渡江主流在市区长75km，流域面积为1 300km^2，年径流量为60.99亿m^3。海口市主要河流有17条，其中南渡江水系7条，南渡江干流从海口市西南部东山镇流入境内，穿过中部，于北部入海，入海口段从西向东主要分流有海甸溪、横沟河、潭览河、迈雅河、道孟溪；支流有铁炉溪、三十六曲溪、鸭尾溪、昌旺溪（南面溪）、美舍河、响水河；独流入海的有 9 条河流，分别为演洲河、五源河、荣山河、演丰东河、演丰西河、罗雅河、芙蓉河、龙昆沟、秀英沟，另外有白石溪流从文昌市境内出海。境内有凤谭、铁炉、东湖、凤圮、云龙、丁荣、岭北、玉凤、沙坡等水库，总库容量超过 15 000 多万 m^3。海口市地处南渡江下游河口河网地带和休眠火山口地带，潜水、承压水分布广泛。潜水含水层以南渡江三角洲潜水和玄武岩孔隙裂隙潜水为主，分布范围分别近 $800km^2$、$400km^2$，水位单位涌水量分别可达 14.6L/s、30L/s。地下承压水处于雷琼盆地，含水总厚度达 200～350m，老海口、秀英两段每昼夜可采量共 27 万 m^3。地下热矿泉水处于琼北自流水盆地东北部新生代厚层，分布面积约 $200km^2$。

（2）三亚市

三亚市境内有中、小河流 12 条，集雨面积 $500km^2$ 以上的有宁远河、藤桥河；集雨面积 $100km^2$ 以上的有三亚河、大茅水、龙江河；集雨面积 $100km^2$ 以下的有九曲水、六道水、烧旗水、文昌水、东沟溪、石沟溪、茅彭水。

（3）儋州市

流经儋州市境内的大小河流有 36 条，儋州市拥有海南省最大的水库松涛水库。主要河流有南渡江、珠碧江、文澜河、北门江、春江、杨桥江、大江、山鸡江。其中，南渡江在市境内长 22km，流域面积为 $459.4km^2$；珠碧江（河道全长 83.8km，流域面积 $956.8km^2$）在境内长 22km，流经雅星镇和海头镇，在海头港注入北部湾，在儋州市的流域面积为 $235km^2$。地下水资源占全市水资源总量的 15.8%，地下水储量为 11.46 亿 m^3，理论可开采量为 2.42 亿 m^3。

（4）澄迈县

澄迈县内有大小河流 20 多条，总长为 250km，常年流量为

35亿m^3。南渡江流经10个乡（镇），包括澄迈县，流程为116.3km，年均流量为13.4亿m^3。澄迈县建有中型水库4宗、小（一）型水库13宗，总库容量为1亿m^3，建成蓄水工程472宗、引水工程90宗、提水工程33宗，年年加大投入大搞冬修水利建设，用水实灌面积为11 467hm^2。

（5）文昌市

文昌市河流众多，水源丰富，地下水蕴藏量大，水质较好。但由于水利设施不够完善，水资源还没有得到充分的开发利用。流经该市100km^2以上的河流有文教河、珠溪河、文昌江、石壁河、北水溪5条，100km^2以下独立出海的小河流有32条，总长为556.6km，总流域面积为2 384.6km^2，年集水量为39.44亿m^3，多年平均地表径流量为18.69亿m^3，平均径流模数为26L/（s·km^2）。

（6）琼海市

琼海市内河流众多，水资源丰富，水质优。境内主要水系有3条：九曲江、万泉河、新园水。其中万泉河是海南岛第三大河，境内干流长81.2km，集雨面积为1 151.21km^2，过境集雨面积为2 532.01km^2，万泉河年径流量为45.78亿m^3，市境内径流量为15.87亿m^3。地下水资源总量为7.16亿m^3，水资源总量为20.7亿m^3（不含外县流入），人均拥有水量4 600m^3。

（7）万宁市

万宁境内主要河流有：太阳河、龙滚河、龙头河、龙尾河。最大的河流太阳河发源于琼中县的飞水岭，主流在东澳镇注入南海，太阳河在境内河道长66.8km。龙滚河发源于境内的内罗岭，进入琼海市沙美村注入南海。万宁市东面临南海，海岸线长109km。

（8）东方市

东方市境内主要河流有昌化江、南开河、感恩河、通天河、罗带河、北黎河、南港河、南尧河、东方河。昌化江是过境最长的河流，境内流长 111km，流域面积为 5 150km^2；南港河发源于境内的独岭，至南港注入北部湾；感恩河发源于乐东县交界处的蒙瞳岭，由东向西流经陀烈谷地至感城出海，流长 60.2km；通天河发源于境内的瞎牛岭，在通天港注入大海，流长 31.7km。全境海岸线长 84km，岸线蜿蜒曲折，形成 8 港 7 湾：八所港、英朝港、面前海港、马岭港、墩头港、新村港、感恩港、南港和大洛湾、面前海湾、墩头湾、鱼鳞洲湾、感城湾、利章湾、南港湾。

(9) 临高县

临高县大小河流有 68 条，其中集雨面积 100km^2 以上的 4 条。主要河流为文澜河，全程流长 86.5km。临高县水力蕴藏量达 2 万 kW，中小型水库 92 宗，总库容量达 8 000 万 m^3，水域面积为 3 733hm^2，占临高县土地面积的 2.8%。

(10) 陵水黎族自治县

陵水黎族自治县水力资源主要分布在陵水河流域的上游地区，包括陵水河干流及其一级支流的都总河、金聪河和二级支流的苗村水库、白水岭水系、南喜水系、黎跃水库等。

(11) 乐东黎族自治县

乐东黎族自治县境内的主要河流有昌化江（包括其支流乐中河、大安河、南巴河）和望楼河。昌化江在县内的流域面积为 1 333km^2，占全县总面积的 46%；望楼河流域面积为 827km^2，占全县总面积的 28%。此外还有白沙河、宁远河、佛罗河等中小河流。

(12) 昌江黎族自治县

昌江黎族自治县境内河道属昌化江、珠碧江两大流域。其中，昌化江在县内流域面积为 1 237km^2，占全县总面积的 24.0%；珠碧江在县内流域面积为 231.2km^2，占全县总面积的 20.9%。一级河有沙地河、卡叉溪 2 条，总长 18.5km；二级河有石碌河、南罗溪、保突沟 3 条，总长 57.7km；三级河 7

条，总长 147.7km。全县河流总长度 317.9km，河网密度 5.08km/km^2，径流总量 23.28 亿 m^3。

(13) 定安县

定安县境内河道属南渡江和万泉河两大水系。集雨面积在 100km^2 以上的有：龙州河、南定河、同仁河、卜南溪、温村水、居丁河、仙屯河、永丰水、封诰溪、司令溪、山翠溪。多年平均地表径流总量为 12 亿 m^3，地下水资源总量为 5.96 亿 m^3，水资源总量为 15.92 亿 m^3。

(14) 屯昌县

屯昌县境内的大小河流有 14 条，山塘水库 200 多宗，总库容量 14 930 万 m^3，天然落差 1 255m。主要河流有：龙州河、青梯河、卜南溪、南定河。其中龙州河发源于屯昌县枫木镇的黄竹岭，集雨面积为全县土地面积 1/2 以上。南渡江干流在屯昌县西部边界上流经，流长约 35km。根据测定，全县水资源总量 15.93 亿 m^3，其中地表水资源（1 年径流总量）为 14.77 亿 m^3（枯水年流量有 9.01 亿 m^3）；深层地下水资源有 1.16 亿 m^3。

(15) 保亭黎族苗族自治县

保亭黎族苗族自治县境内河流多，河网密度大，地表水资源丰富。发源和流经县境的主要河流有通什河、陵水河、藤桥河西河、宁远河，3 条主要支流是南改河、响水河、保亭河。其流源共长 269.19km，共有落差 4 467.8m，水能蕴藏量 12.76 万 kW，可供开发利用的有 3.5 万 kW。

(16) 琼中黎族苗族自治县

琼中黎族苗族自治县是海南岛三大河流——南渡江、万泉河、昌化江的发源地，支流密如蛛网，呈放射状向四周奔流，河网密度系数 1.32km/km^2。主要支流有乘坡河、大边河、什运河、腰子河。

(17) 白沙黎族自治县

白沙县境内溪壑纵横，主要河流有南开河、珠碧江、石碌河。三大河道境内流长 183.8km，流域面积 2 090.3km²，集雨面积 2 157.1km²。南开河自西南向北贯穿东部，流长 86.4km，成为境内河网的主轴；珠碧江自中部流经西北部，流长 78km，是境内第二大河流；石碌河自西部流经西半部，注入石碌水库，流长 19.4km。境内其他河道多是山区性河流，如南湾河、甫林河、翁村河、向民河、南美河、南坑河、南域河、南七河、木棉河、南牙河等，这些河流量变化较大，一遇暴雨，流量骤增，枯水季节，流量锐减。

（18）五指山市

五指山市境内的大小河流有 120 条，主要河流有昌化江（包括其支流通什河、毛阳河），昌化江在市内的流域面积为 746km²，占全市总面积的 66.1%；此外还有保国河、牙益河、草头河等小河流。

第二节 外来入侵水葫芦、薇甘菊、空心莲子草和福寿螺的发生识别、传播扩散与气候环境的关系

一、水葫芦

【学名】*Eichhornia crassipes*（Mart.）Solms

【中文异名】凤眼莲、凤眼蓝、凤眼兰、布袋莲、水浮莲等。

【英文名】water hyacinth，commonwater hyacinth

【分类地位】被子植物门（Angiospermae），木兰纲（Magnoliopsida），鸭跖草目（Commelinales），雨久花科（Pontederiaceae），凤眼莲属（*Eichhornia*）。

1. 原产地、为害特性及入侵我国情况

原产地：水葫芦起源于南美洲巴西。

为害特性：水葫芦被称为“紫色恶魔”，兼具无性和有性繁殖功能，以无性繁殖为主，种群恢复和扩散能力极强，在适宜的

条件下 5d 就能繁殖 1 棵新植株，2 周就可以繁殖原来数量 1 倍的植株，短时间内能覆盖整个水面（白永莉等，2011）。有性繁殖时，一枝花大约结 300 粒种子。$1hm^2$ 水面就能挤满 200 万株水葫芦，合计 300 多 t（李文文，2009；白永莉等，2011）。水葫芦成片发生，覆盖大面积水面，水体不能自由流动，以致堵塞河道、阻碍排灌、影响航运、影响水资源综合利用；水体没有阳光照射，水葫芦的暴发以及其腐烂阶段同时会大量地消耗水体中的溶解氧，降低水中溶氧量，阻碍水生生物的生长，破坏河涌生态环境，水下动物活动繁殖空间减少，鱼类会大量死亡，减少水产品产量，给农业、水产养殖业、旅游业等带来极大危害；水葫芦的大面积发生，还为血吸虫和脑炎流感等病菌提供了滋生地，为蚊子的幼虫提供了呼吸和繁殖的机会，滋生蚊蝇；大量的水葫芦覆盖水面会使水的 pH 降低，CO_2 浓度增高，降低水资源的使用价值，直至不能饮用（万方浩等，2011；付卫东等，2017；袁梨等，2021；卢永星，2021；黄亮等，2021；张为等，2023）。

2001 年 10 月，为了让亚太经济合作组织（APEC）会议代表见到一条清亮的苏州河，上海市动用了 12 艘清洁船、30 多名工人，不间断地工作了近 10d 才清除了河面上顺流而下的水葫芦，共打捞起水葫芦 455t（段惠等，2003）。

入侵我国情况：水葫芦于 1901 年作为观赏植物被引入我国，后逸为野生植物（詹国辉等，2010；万方浩等，2011）。近年来，水葫芦在我国南方很多地区蔓延成灾（付卫东等，2017）。

2. 识别特征

水葫芦根状茎粗短，密生多数细长须根。叶为基生叶，在基部丛生，莲座式排列，叶片卵形、倒卵形至肾圆形，大小不一，宽 4～12cm，光滑，叶柄基部带紫红色、膨大呈葫芦状的气囊（图 1－1）。有着紫色亮丽的花朵，最上面的花瓣上有一块蓝色的扇形斑块，中央点缀着一个桃形鲜艳黄斑（图 1－2）；花茎单生，中部有鞘状苞片，穗状花序，有花 6～12 朵；花被 6 裂，紫蓝色，上部的裂片较大，外面的基部有腺毛；雄蕊3长3短，长的伸出花外，花丝不规则地结合于花被内；子房长圆形；蒴果卵圆形（图1-3）。

图1-1　水葫芦植株

图 1-2　水葫芦花

图 1-3　水葫芦种子

（资料来源：Julia Scher，Federal Noxious Weeds Disseminules，USDA APHIS PPQ，Bugwood. org）

3. 生物学特性

水葫芦的繁殖能力极强，以无性繁殖为主，在适宜条件下每5d就能繁殖1棵新植株，也能开花结实产生种子而进行有性繁殖，一株花序可产生300粒种子。水葫芦在40d内每株分枝数由2～5株增加至5～6株，显示了较强的增殖能力，在南方适宜温度下可周年发生，是明显的单一优势种，常年覆盖水面。从5月开始由于气温迅速升高，植株高度增加，叶片宽度也有所增加，但随着植株个体的增大，密度开始减小；至 9 月，植株高度达到最高（88cm），密度也降至最低（每平方米 34 株）；从 10 月开始，随着秋季到来，气温渐低，老的叶片或植株死亡（王子臣等，2011；付卫东等，2017；卢永星，2021）。

水葫芦在 25℃时生长最快，对生长环境适应性极强，对酸碱均不敏感，水质要求不严。喜高温、多湿的环境，适宜生长在富营养化的水体中（胡彬，2008）。

在重庆市、福建福州市、海南省等地发现了能显著促进水葫芦花内自交的半同长花柱花，证明这些地方种群有着一定水平的有性繁殖。可见，水葫芦的三型花柱繁育系统在中国由于入侵的奠基者效应而解体，以克隆繁殖为种群的主要更新方式，一些种群出现了一定程度的半同长花柱促进的自交。部分南方（福州市、重庆市、上海市和海南省等）种群具有一定的遗传变异，证明部分南方种群有着一定程度的有性繁殖或多次引种（任明迅，2004）。

4. 水葫芦的传播扩散与气候环境的关系

水葫芦主要生长在河、湖、沟、渠、池塘等水域，通过引种和水流进行传播扩散，亦可通过鸟类对种子的取食排泄传播，其中人为引种是水葫芦在我国广泛分布的主要原因（易小燕，2008）。

水葫芦在入侵地的扩散和温湿度等环境因子、生物气候变量、海拔因子、地形因子、土壤植被类型、物种的相互作用等多种因素相关。我国南方地区及东南地区温度对水葫芦在入侵地的扩散较为重要，利于水葫芦生长和扩散（李宏群，等，2018）。

二、薇甘菊

【学名】*Mikania micrantha* Kunth in Humb. & al.

【中文异名】薇甘菊、小花假泽兰、小花蔓泽兰。

【英文名】bitter vine

【分类地位】 被子植物门（Angiospermae），木兰纲（Magnoliopsida），菊目（Asterales），菊科（Asteraceae），假泽兰属（*Mikania*）。

1. 原产地、为害特性及入侵我国情况

原产地： 薇甘菊原产于南美洲和中美洲，后来传入亚洲、大洋洲（万方浩，2009）。

为害特性： 薇甘菊作为多年生藤本植物，水陆均可生长，为世界上最具有入侵性与危害性的恶性杂草之一，有“植物杀手”“生物多样性杀手”之称（莫宝盈等，2021；陈志云等，2021；刘金珠等，2021；刘雪莲等，2021；龚燕雄等，2022）。由于其蔓延速度极快，故有些学者称其为“一分钟一英里的杂草”（林翠新等，2003）。薇甘菊在其适生地缠绕和攀附于其他植物（低矮草本、灌木、乔木等）上，将其覆盖，或重压于冠层顶部，阻碍所覆盖植物的光合作用，甚至导致其死亡。薇甘菊生长迅速，传播蔓延速度快（薇甘菊种子细小而轻，且基部有冠毛，易借风力、水流、动物、昆虫及人类的活动而远距离传播，也可随带有种子、藤茎的载体和交通工具传播），危害性大，难防难治。此外，薇甘菊还会向土壤中释放化感物质，抑制其他植物的种子萌发和幼苗生长（万方浩等，2011；Liu et al.，2020；莫建斌，2020；叶婉秋等，2020；班启明等，2020）。

薇甘菊具有强大的繁殖能力，一粒薇甘菊种子，5 年繁殖的数量可以达到若干兆株……不仅足以播种整个地球表面，甚至可以覆盖太阳系所有行星。在距今 3 000 万年左右的一次进化中，薇甘菊出现了全基因组二倍化和大量的片段复制事件，这使得它的光合作用与暗反应，氮、磷、钾的代谢和运输等基因家族发生显著的扩张（Liu et al.，2020）。研究发现，薇甘菊可以 24h 不间断地进行光合作用，同时，它还可以通过自身的化感物质有效地富集固氮菌和氨化细菌，加速了根际土壤的养分循环，为其快速生长提供充足养分（刘艳杰等，2022）。

入侵我国情况：根据香港特别行政区植物标本记载，最早的薇甘菊标本是1884年采自香港动植物园进行引种栽培，1919年在歌赋山采集到野生的薇甘菊标本。1984年在中国深圳发现薇甘菊，随后快速扩散，2008年以来广泛分布在珠江三角洲地区。有测算显示，仅珠江三角洲地区每年就因为薇甘菊的泛滥造成生态经济损失近10亿元（王伯荪等，2003）。

在海南省，薇甘菊于2003年首次在海口市和文昌市发现，至2010年，已在海口市、文昌市、琼海市、临高县、五指山市、澄迈县、屯昌县、定安县、昌江黎族自治县、东方市10个市（县）约40个乡（镇）发生，危害面积约1 105.3 hm^2。当前，薇甘菊在海南省的分布区域和危害面积进一步扩大，白沙黎族自治县、保亭黎族苗族自治县、三亚市、陵水黎族自治县、琼中黎族苗族自治县等地均已发现为害状况。强大的无性繁殖能力与各种干扰因素（台风、洪水、滑坡、动物践踏及人类农业活动等均易造成薇甘菊地上部分匍匐茎的片段化，而且小的、单节的克隆片段往往难以引人注意且容易被传播）均促使薇甘菊快速扩散和入侵为害，在海南省多地次生林、人工林、公路边、荒地、池塘周围、水稻田边，均可见其入侵为害（范志伟等，2010；杨胜莲，2014）。

2. 识别特征

薇甘菊为菊科多年生多分枝具匍匐茎的草质或灌木状攀缘藤本植物，平滑至具多柔毛；茎为具棱的圆柱形；叶薄，单叶对生，淡绿色，卵心形或戟形，渐尖，叶片边缘有粗波状齿或无，从叶片的基部向前伸出3～7条叶脉，叶片两面几乎无毛，或至少常在脉处具短柔毛，稀具长柔毛，茎生叶大多箭形或戟形，具深凹刻，近全缘至粗波状齿（图1-4至图1-6）。圆锥花序顶生或侧生，复花序聚伞状分枝；头状花序小，数量多、各有小花4朵；花冠白色，喉部钟状，具长小齿，弯曲（图1-7）。瘦果亮黑色，长椭圆形，细小，表面分散有粒状突起物，具5条

“脊”，10 000 粒种子还不到 1g 重，每粒种子的顶端有一圈冠毛，共 25～35 条，能够借助风力传播；冠毛鲜时白色，由 30 多根长毛刺组成（万方浩等，2011；范琳，2021）（图 1－8）。

图 1－4　薇甘菊植株营养生长情况

图 1－5　薇甘菊叶片

图 1-6　薇甘菊新抽藤

图 1-7　薇甘菊花

图 1-8　薇甘菊的果实和种子

（资料来源：itp. lucidcentral. org）

3. 生物学特性

薇甘菊既能用种子进行有性繁殖，也能通过茎干插条进行无性繁殖。种子需光，在黑暗条件下很难萌发，在 25～30℃萌发率为 83.3%，6～8d 即可萌发，在 15℃萌发率为 42.3%，在低于 5℃、高于 40℃条件下萌发极差。茎干切段插条成活率为 93%，其营养体的生长速度比种子苗快，插植后 21d 的营养体高 8.3cm。薇甘菊种子幼苗初期生长缓慢，苗龄 30d 的幼苗高仅约 1cm，单株叶面积小于 $1cm^2$，以后生长速度随苗龄的增长而加快，光照不足会强烈抑制幼苗生长发育，薇甘菊可通过表型可塑性提高对光照条件变异的适应性（胡玉佳等，1994；胡妞燕，2017；范琳等，2021）。

在适宜生长地区，薇甘菊终年均可进行营养生长，单节的薇甘菊匍匐茎克隆片段具有较高的再生能力，种植 8 周后，再生和成活率达到 67.5%；薇甘菊的 1 个节茎，在夏季 1d 可伸长 20cm，每个节每年再萌生 150 余节；薇甘菊成活率和收获时的生物量随节间长度、茎粗度的增加而增大，且节上叶子的存在能够提高成活率和生物量。克隆片段再生所需的时间一般小于 1 个月，节间长度的增加和节上叶子的存在可降低再生所需的时间。因此，在对薇甘菊的防控（尤其是人工和机械控制）中，要避免薇甘菊匍匐茎克隆片段的产生和传播，并且要根据其再生所需的时间做好二次控制。例如，在首次控制后 1～2 个月可进行二次控制，此时再生的薇甘菊较小，即便再次产生克隆片段也难以再生（黄乔乔等，2016）。

在繁殖期，薇甘菊植株大量营养物质集中于花。薇甘菊开花数量大，在 50cm×50cm 的面积范围内，可开花 20 535～50 297 个头状花序，合 82 140～201 188 朵小花，小花在日中太阳光照最强的中午时开放，小花的花粉数量大，每朵小花花粉量高达 1 275～2 377 粒。开花期多为 9—10 月，花期小花从现蕾至盛开的时间是 5d，开花后 5d 即可完成受精过程，再过 5～7d 后种子成熟，在母株上存留 7～10d，待冠毛完全舒展，借风或外力作用散播出去。因此薇甘菊繁殖力强、生长扩散迅速（郝建华，2008；程汉亭等，2012）。

薇甘菊每年都可开花结实，在海南省生长旺盛，每年 3—6 月由于干旱而生长较慢，7—10 月进入雨季后，生长迅速，11 月至次年 2 月是花果期（程汉亭等，2012）。

4. 薇甘菊的传播扩散与气候环境的关系

薇甘菊喜高温、湿润、光照充足的环境。种子大小和传播能力的表型可塑性和遗传分化都可能促进薇甘菊的快速传播。薇甘菊种子细小而轻，且基部有冠毛，易借风力、水流、动物、昆虫以及人类的活动而远距离传播，也可随带有种子或藤茎的载体、交通工具传播，而且薇甘菊茎节可进行无性繁殖（郝建华，2008；万方浩等，2011；程汉亭等，2012；黄乔乔等，2016）。薇甘菊入侵后快速扩散，侵占天然次生林、水源保护林、果园、耕荒地、海岸滩涂、红树林等生境（图 1－9）。

A B

C

D E

F G H

图 1-9 薇甘菊发生生境

A. 池塘周边 B. 沼泽地 C. 槟榔林 D. 竹林 E. 荒草地 F. 河边 G. 水稻田 H. 房前路边

在海南省多样的生境条件下，薇甘菊可能根据环境条件调节资源在有性和无性繁殖中的分配，从而在生境中快速扩散或蔓延。对于多年生克隆性入侵植物来说，在扩散至一个生境后，无性繁殖或克隆整合对其种群扩展可能起重要作用；但克隆整合的能力或程度可能随物种、基因型或生境的不同而不同。研究克隆整合如何影响薇甘菊在海南省多样的生境条件下扩展种群，对于理解薇甘菊的成灾机理及对其管理具有重要意义（程汉亭等，2012；黄乔乔等，2016）。

三、空心莲子草

【学名】 *Alternanthera philoxeroides*（Mart.）Griseb.

【中文异名】 水花生、喜旱莲子草、空心苋、革命草、水蕹菜、长梗满天星、空心莲子菜等。

【英文名】 alligator weed

【分类地位】 被子植物门（Angiospermae），木兰纲（Magnoliopsida），石竹目（Caryophyllales），苋科（Amaranthaceae），莲子草属（Alternanthera）。

1. 原产地、为害特性及入侵我国情况

原产地： 空心莲子草原产于巴西。

为害特性： 空心莲子草为多年生宿根草本植物，入侵性很强，生命力强，适应于水生和陆生环境，生长繁殖迅速。陆生型空心莲子草往往与农作物争夺阳光、养分和水分等，会使作物产量减少。水生型空心莲子草常覆盖大面积水域，堵塞航道，阻碍交通，降低水体溶氧量，影响鱼类生长，影响农田排灌，给航运及水产养殖业带来巨大损失。空心莲子草还会破坏绿化，滋生蚊蝇，危害人类健康，危及生物多样性，破坏生态环境。

入侵我国情况： 空心莲子草于 20 世纪 30 年代末引种至上海市郊区，作为马饲料予以栽培，后逸为野生，在中国华东地区、华中地区、华南地区和西南地区 28 个省（自治区、直辖市）及特别行政区自然发生。由于空心莲子草繁殖能力强，具有很高的生态位宽度，20 世纪 80 年代在全国大部分地区入侵湿地、农田和草坪，沦为恶性外来杂草。据 1999—2000 年的调查，空心莲

子草在我国16个省（自治区、直辖市）自然发生，分别为河南省、湖北省、湖南省、江西省、安徽省、江苏省、上海市、浙江省、福建省、重庆市、四川省、贵州省、云南省、广西壮族自治区、广东省和海南省，主要分布于我国亚热带地区，暖温带半湿润地区以及热带地区偶有发生。空心莲子草是国家环境保护总局、中国科学院2003年1月制定的第一批外来入侵物种名单中的16种生物之一。2013年，因空心莲子草在中国发生面积大，危害严重，对中国从南到北、从东到西、从热带到温带、从湿地到农田、从草原到林业的生态系统构成了极大危害，空心莲子草成为国家重点管理与控制的外来入侵物种。

相关调查研究发现，空心莲子草在海南省自然发生，在海南省具有极强的环境适应能力，尤其适宜在湿地环境生长。研究表明，空心莲子草对海南半红树林、红树林湿地的入侵目前还处在潜伏期，因此，应采取严密控制和防治措施，避免其大规模泛滥对海南省生态系统造成严重危害。

2. 识别特征

空心莲子草是多年生草本植物，茎基部匍匐，上部上升，管状，具分枝，幼茎及叶腋有白色或锈色柔毛，茎老时无毛，仅在两侧纵沟内保留。叶片矩圆形、矩圆状倒卵形或倒卵状披针形，长2.5～5cm，宽7～20mm，顶端急尖或圆钝，具短尖，基部渐狭，全缘，两面无毛或上面有贴生毛及缘毛，下面有颗粒状突起；叶柄长3～10mm，无毛或微有柔毛（图1-10、图1-11）。

花密生，成具总花梗的头状花序，单生在叶腋，球形，直径8～15mm；苞片及小苞片白色，顶端渐尖，具1脉；苞片卵形，长2～2.5mm，小苞片披针形，长2mm；花被片矩圆形，长5～6mm，白色，光亮，无毛，顶端急尖，背部侧扁；雄蕊花丝长2.5～3mm，基部连合成杯状；退化雄蕊矩圆状条形，和雄蕊约等长，顶端裂成窄条；子房倒卵形，具短柄，背面侧扁，顶端圆形（图1-12）。

图 1－10　空心莲子草植株生长情况

图 1－11　空心莲子草空心茎

图 1－12　空心莲子草花

3. 生物学特性

空心莲子草是典型的克隆植物，主要靠营养体繁殖，且营养体的片段能进行无性繁殖，这项能力使其被引入新地区时能快速扩散，并迅速形成单优势种群，占据优势地位，克隆整合特性是空心莲子草成功入侵的重要特征之一。空心莲子草的匍匐茎和根状茎的繁殖能力也很强，冬天时依靠地下（水下）根茎进行越冬。克隆性能够促进植物入侵，由同一株空心莲子草所克隆产生的子代植株之间，因具有克隆整合的特性，分株间存在物质上的运输，其幼小分株快速生长和繁殖，同时凭借这种优势，在异质性环境中使得不同分株共享资源丰富斑块中的资源，增加了分株的适应性，从而增强了整个克隆植物在生境中的适应性，利于植物成功入侵各个生境（娄远来，2005；林嵩等，2006；黄乔乔等，2016；苏田等，2021）。

4. 空心莲子草的传播扩散与气候环境的关系

空心莲子草适宜气候带主要是暖温带和热带的湿润地区，在水生环境和陆生环境下都能生长，因此，依据其生长生活的环境可以分为旱生型、漂浮型和挺水型。湿润的生境更加适合空心莲子草的生长，水分在其种群增殖过程中起到了关键的作用。在水生生境下，空心莲子草匍匐茎能长出叶片和侧枝，每个茎节处能长出根，以毯状结构将其无性分株快速覆盖在水体表面。若在旱生生境下，空心莲子草会形成木质化茎，该结构能抑制其天敌空心莲子草叶甲的生长（娄远来，2005；秦天健等，2019）（图 1 - 13）。

A

B

C

D

E

图 1－13 空心莲子草发生生境
A. 水稻田边 B. 水域 C. 杂草地 D. 菜地边 E. 石头缝

环境中的光、温度、水分、土壤营养、空气、金属元素，以及新栖息地群落生物多样性、全球变化等是影响外来入侵植物分布的外界因素。空心莲子草是一种喜水性植物，繁殖生长的最优条件需要温暖的水域环境。对水分条件的表型可塑性可能是决定空心莲子草的入侵能力的重要因素。表型可塑性减少了植物因自然选择作用所需的与环境相互作用的时间，成为竞争的成功者，空心莲子草生长的可塑性和可调节性是其成功入侵多种生境的一个主要原因，较强的表型可塑性可促进入侵植物适应多样的生境（娄远来，2005；吕洁杰等，2020；方莉等，2020；卢永星，2021；吴昊等，2021）。

空心莲子草的入侵性很强，且其入侵成功的原因往往与克隆特性有关，因具有克隆整合的特性，使得空心莲子草更容易进行建群和扩散，开拓和入侵并且占据新的生境。克隆整合影响了空心莲子草的生物量分配，将更多的生物量分配到地下，利于资源的获取，从而增加在异质性环境中的入侵性，有利于其传播扩散（苏田等，2021）。

四、福寿螺

【学名】*Pomacea canaliculata*（Lamarck）.

【中文异名】大瓶螺、亚马孙苹螺、苹果螺、金宝螺、洋螺、鬼仔螺、雪螺。

【英文名】golden apple snail，apple snail

【分类地位】软体动物门（Mollusca），腹足纲（Gastropoda），中腹足目（Mesogastropoda），瓶螺科（Ampullariidae），瓶螺属（*Pomacea*）。

1. 原产地、为害特性及入侵我国情况

原产地：福寿螺原产于南美洲和中美洲，广泛分布于欧洲、北美洲及亚洲等地，给入侵地区的生态系统和农业生产带来巨大的危害（董朝莉，2006；徐建荣，2009；杨宗英等，2021）。

为害特性：福寿螺是一种可供食用的淡水大型螺类，危害水生作物的恶性外来有害生物，被列为全球100种恶性外来入侵物种之一。福寿螺对环境适应性广，繁殖力强，食性杂，食量大，会对其栖息地的水生植物造成毁灭性破坏，从而破坏食物链，威胁栖息地的生物多样性，螺内寄生的管圆线虫对公共健康也产生了很大威胁（王子玥，2020）。福寿螺食性广，见青就食，营养丰富且鲜嫩的水生植物更是福寿螺的摄食对象。凡是福寿螺较多的稻田，水稻必然大幅度减产。调查显示，稻田中每平方米有3只以下福寿螺时，水稻损失率在7.54%以下；每平方米有4～7只福寿螺时，水稻损失率为9.76%～12.92%；每平方米有9～14只福寿螺时，水稻损失率为20%～24%。在台湾，1982年水稻受害面积为17 000hm^2，1986年增至171 425 hm^2。1988年，

广东省局部地区首次发现福寿螺危害农作物；1992 年，几乎全广东省都报道有福寿螺危害，农作物受害面积为 667 000 hm^2，其中严重受害面积达 66 700 hm^2（徐建荣，2009；刘义满等，2021；陈映僮等，2021；杨宗英等，2021）。

因为福寿螺所引起的经济与生态问题突出，福寿螺在 1993 年被列入世界 100 种恶性外来入侵生物名录之中（肖麒，2021；陈菁，2022）；我国国家环境保护总局、中国科学院与 2003 年首批公布的入侵我国的 16 种外来物种中，福寿螺也是其中之一（徐建荣，2009；杨健，2013）。

入侵我国情况：20 世纪 80 年代，福寿螺作为水生经济动物被引入许多亚洲国家饲养，包括菲律宾、越南、泰国和中国。福寿螺作为食用水产养殖品种，我国台湾于 1980 年从巴西引进，由于其饲养管理简单，繁殖速度极快，1980—1981 年，养殖热潮几乎席卷台湾各地。1981 年福寿螺引入广东省，1991 年，引入香港特别行政区。福寿螺幼螺肉质松软，但成螺肉质太硬，而且人工养殖的福寿螺带有泥土味，难以被消费者接受，食用者甚少；福寿螺进行深加工成本过高，且品质不理想，没有形成福寿螺的消费习惯，福寿螺消费市场发展不起来。盲目引进使许多养殖户亏本弃养，福寿螺被抛进水沟、池塘，而后随灌溉流入农田（徐建荣，2009；杨健，2013；周宇，2019；田磊，2022）。

2. 识别特征

成螺：福寿螺雌雄异体。成螺能通过螺厣区分雌雄，雌螺的厣中央平滑略凹进，而雄螺的厣中央外凸。成螺外形似田螺，但与田螺相比，福寿螺的螺旋部小。福寿螺成螺有 7 个螺层，螺层极大，具一螺旋状的螺壳，壳厚，可达 2mm，壳高 7cm，螺壳的缝合线处凹陷呈浅沟，壳脐深而宽。螺壳颜色随环境及螺龄不同而异，福寿螺有两种明显的体色差异，一种为黄螺，壳色为黄色，螺肉多为白色或淡黄色；另一种为黑螺，壳色为褐色，壳体上有条纹，螺肉多为黑色或淡褐色头部具触角 2 对，是主要感觉器官，前触角短，为吻部突起，后触角长，伸展后可超过螺体，后触角的基部外侧各有 1 只眼睛，其眼睛只能感受光的强弱，不能成像。螺体左边具 1 条粗大的肺吸管，来源于外套膜，为外套膜缘皮肤折叠而成，有较强伸缩性，不用时收缩成一个较短的突起，当需要时，可伸展成长度达到螺体壳高 2.5 倍的粗大的管状结构，起呼吸作用，因此福寿螺潜在水下也可呼吸空气。福寿螺爬行时头部和腹足伸出螺壳（徐建荣，2009；熊洪林等，2013）（图 1-14、图 1-15）。

图 1-14　福寿螺成螺

图 1－15 福寿螺中螺和成螺比较

幼螺：幼螺形状似成螺，螺壳较薄，螺体较小，壳色鲜艳（图 1－16）。

图 1－16 福寿螺初孵幼螺

卵：卵粒呈圆形，初产时粉色、非常柔软，数小时后卵块钙化变硬，卵块的颜色在空气中渐成粉红色、灰淡红色，其上具蜡粉状覆盖物。卵块椭圆形，由 3～4 层卵粒叠覆成葡萄串状，大小不一，小卵块仅数十粒，大卵块可达千粒以上。卵块重 0.86～2.78g，平均 2.16 g；长径 2.0～4.9cm，平均 3.6cm；

短径1.1～2.2cm，平均1.5cm；卵粒直径有差异，前期卵粒直径大，后期的卵粒直径小，卵粒直径为1.9～2.5mm，平均2.2mm。卵粒排列整齐，卵层不易脱落（钱冬兰等，2006；卢永星，2021）（图1-17）。

图1-17 福寿螺卵块

3. 生物学特性

福寿螺生活史分为卵、幼螺、成螺3个阶段，胚胎发育过程分卵裂期、囊胚期、原肠期、担轮幼虫期、面盘幼虫期、幼螺形成期、孵化期7个时期。福寿螺体内受精，受精卵在体外发育，交配时雌、雄螺扭合在一起，雄螺的生殖器插入雌螺的生殖孔内，交配时间长达2～3h，有时可长达3～5h。交配后3～7d开始产卵，产卵常在夜间进行，雌螺产卵时爬到离水面15～30cm以上的池边干燥处、附着物以及水生植物茎叶上产卵，其卵通过雌螺产卵时分泌的黏液黏附在附着物上。整个产卵过程可持续1～2h，雌螺产卵过程中受惊会中止产卵。福寿螺1次受精可连续多次产卵，产卵量大。1只成熟雌螺每隔3～5d产卵1块，产卵的卵块大小不一，内含200～500个卵粒，多的可达1 000粒卵，1年可产卵20～40次，年产卵量可达近万粒。环境温度条件不适及饵料不适口等原因也会引起福寿螺延缓产卵，引起产卵量的巨大变异（熊洪林等，2013；杨倩倩，2022）。

在气温28～34℃、湿度68%～75%条件下，福寿螺的受精卵 7～10d 后便可孵出仔螺，刚孵出的幼螺壳顶呈淡红色，第 2 天转为棕黄色，幼螺可以开始摄食。一般情况下，仔螺破膜后跌落到水中，而后能群集在浅水处，或爬到离水面 2～3 cm 处的潮湿地上、水生植物上，以逐渐适应水中生活。福寿螺初孵幼螺体长 1.8～2.5mm，贝壳透明，有 3 个螺层，螺旋部红色，红色为肠道残留的未消化的卵黄（董朝莉，2006；徐建荣，2009）。

4. 福寿螺的传播扩散与气候环境的关系

1980—2010 年，福寿螺正以每年百千米的速度向北发展，其扩散范围由东南部沿海地区逐步向中部地区和西部地区扩散蔓延，具有进一步向北扩散的趋势，其中部分发生地已经超越北纬 30°。基于 6 个环境变量和 683 条分布数据对福寿螺在中国的潜在分布预测结果显示，适宜福寿螺生存的潜在分布区主要位于南方大部分地区，其中浙江省、福建省、江西省、广东省、广西壮族自治区、海南省等地为高分布区，其为害十分严重；而上海市、湖北省、湖南省、四川省、贵州省、西藏自治区、云南省和重庆市虽为中分布区，但也具有较高的潜在暴发风险。基于线粒体 COI 和 16S rRNA 分子标记分析福寿螺种群的遗传多样性显示，福寿螺存在多次引入事件，其扩散方式主要是人为活动携带（周宇，2019；林英，2021；薛晶，2022）。

研究表明，我国大部分地区正常情况下福寿螺 3～4 月龄达到性成熟，福寿螺在适宜生长温度下，1 年可繁殖 2 代或 3 代。在海南省等地，福寿螺常年生长，福寿螺 1 年可繁殖 3 代，1～2 月平均气温在 15℃左右，福寿螺停止繁殖，但能正常生长，其他时间福寿螺都能繁殖，第 1 代 3 月中旬至 7 月上旬，气温为 20～28℃，福寿螺幼螺生长 100d 能成熟、交配并产卵；第 2 代 7 月上旬至 9 月中旬，气温为 26～31℃，福寿螺幼螺生长 60d 能成熟、交配并产卵；第 3 代 9 月中旬至次年 3 月中旬，气温为 17～26℃，由于气温下降，福寿螺幼螺生长变慢，经历 1 个冬季近 200d，幼螺仍不能达到性成熟。

福寿螺的生活史长短决定于食物的丰足以及环境温度等原因。当水温处于较适温度范围，且食物丰足时，福寿螺呈现全年产卵的特点，寿命相对较短；但是当处在不利的环境条件时，它们生长缓慢，并且有休眠期，而且只有在环境条件有利的季节（如春、夏季）才繁殖产卵，寿命也相应延长。研究表明，福寿螺的寿命为 2～5 年。温度是影响福寿螺生长繁殖的关键因子，依据温度条件的变化，其性成熟的变化幅度为 3 个月至 2 年。在人工养殖的条件下，福寿螺被投喂充足的饲料，饲养 1 年可达 400～450g，出现交配活动并产卵时生长几乎停止，产卵结束之后，又开始快速生长，直到下一个繁殖期的到来。

福寿螺无固定配偶，雌螺对与其交配的雄螺个体大小没有选择性，而雄螺对雌螺的个体大小有选择性，倾向于与较大个的雌螺交配（刘巧，2016；薛晶，2022）。

温度对福寿螺的活动至关重要。高温和低温均能对福寿螺产生胁迫作用，30℃以上的高温对幼螺影响极显著，其壳高、壳宽及体重增加速度均随温度的升高而减慢；水温 28℃左右时福寿螺生长最快；水温低于 12℃时，福寿螺活动能力减弱；水温 8～10℃时，福寿螺能安全越冬，福寿螺的临界安全存活温度为 8℃，临界致死温度为 2℃（俞晓平等，2007；张春霞，2016）。

福寿螺不能生活在咸水中，喜欢生活在水质清新的干净水中，对水中的溶氧非常敏感。在热带、亚热带的沼泽地，由于枯枝落叶等有机物的腐败，加上温度高，水中溶氧量很低，福寿螺利用自身特有的鳃与肺结合适应沼泽等低氧水体；当水质清洁、水中溶氧丰富时，福寿螺在水中用鳃呼吸，当水中溶氧量低时它们就浮到水面用肺呼吸。鳃与肺的结合还使福寿螺能够离开水体存活很长时间，并且能够主动进行远距离移动，这对于福寿螺来说，有很大的适应意义（徐建荣，2009；郭靖，2018）。

福寿螺虽然是水生种类，但也可以在干旱季节埋藏在湿润的泥土中度过恶劣环境。当栖息地干涸时，福寿螺就钻入泥土中，紧闭厣甲，进入休眠状态，福寿螺的休眠可长达3～6个月之久。螺壳和厣甲能有效地阻止水分的散失。福寿螺靠腹足爬行，也能在水面缓慢游泳。福寿螺在水沟里1周内可向上爬行100m，向下爬行500m；成螺可年行2～3km。福寿螺怕强光，白天活动较少，多在夜晚进行摄食，其感觉较灵敏，遇有敌害，便下沉到水底（董朝莉，2006；徐建荣，2009）。

福寿螺食性杂，几乎取食环境中的任何有机物质，有时也攻击其他螺类与螺卵，偏食植物性饲料，主要饲料有浮萍、青菜叶、红薯藤、嫩绿青草、水浮莲、麸皮、米糠等，也食少量的禽畜粪肥、腐殖质甚至死鱼及禽畜尸体等。但正常情况下福寿螺对食物有一定的选择性，喜食软而易消化的植物，生长速率与喜食植物的丰富度有关（徐建荣，2009）。

第二章 海南省水葫芦、薇甘菊、空心莲子草和福寿螺的发生监测

第一节　4 种外来入侵物种的调查监测方法

一、水葫芦调查监测方法

在海南省 18 个市（县）针对水葫芦的发生情况（蔓延和为害）进行调查与监测，在此基础上，评估其蔓延、为害趋势，并提出防控建议。在每个市（县）选取 20%的乡（镇），在每个乡（镇）选取至少 3 个行政村，设立监测点。水葫芦发生的实际数量低于设置标注值的，只选择实际发生的区域。本次调查监测所选取的监测点均达到监测标准。

在 3 年前调查监测的基础上，根据 GPS 点位进行调查。采用付卫东等（2017）的群落调查法，在发生水葫芦的监测点选取 1～3 个水葫芦发生的典型生境设置样地。如果是在发生面积较大的水域，如湖泊、水库等，则在每个样地内选取 20 个以上的样方，根据样地水域的大小、形状、水葫芦分布情况、周围环境情况，将监测样地分为不同的区域，在这些区域选择能代表该区域特性的地点，布设采样点，各采样点的样方数＝总样方数×（各区域面积/样地总面积），每个样方面积 0.25～1 m^2，并参照《外来草本植物普查技术规程》（NY/T 1861—2010）及《水葫芦综合防治技术规程》（NY/T 3019—2016）标准，将调查结果

记入表 2-1。在发生面积较小的水域，如池塘等，设置样线，常见水域样线的选取方案见表 2-2；每个样线选取 50 个等距样点，设置 50 个样方，每个样方的面积为 0.25～1 m^2，将结果记入表 2-3。

表 2-1　水葫芦监测样地调查结果记录表

<table>
<tr><td colspan="3">基本信息</td></tr>
<tr><td colspan="2">调查日期：</td><td>表格编号①：</td></tr>
<tr><td colspan="2">调查人：</td><td>工作单位：</td></tr>
<tr><td colspan="2">职称：</td><td>联系方式：</td></tr>
<tr><td colspan="3">监测点位置：　省（自治区、直辖市）　县（市、区）　乡（镇、街道）　村</td></tr>
<tr><td colspan="2">经纬度：</td><td>生境类型：</td></tr>
<tr><td colspan="3">样方大小/m²：</td></tr>
<tr><td colspan="3">监测内容</td></tr>
<tr><td>样方序号</td><td>株数/株</td><td>水葫芦盖度②/%</td></tr>
<tr><td>1</td><td></td><td></td></tr>
<tr><td>2</td><td></td><td></td></tr>
<tr><td>3</td><td></td><td></td></tr>
<tr><td>4</td><td></td><td></td></tr>
<tr><td>5</td><td></td><td></td></tr>
</table>

注：参照张国良等（2021）的方法进行水葫芦危害等级划分：Ⅰ级代表轻度危害，盖度<10%；Ⅱ级代表中度危害，10%<盖度<30%；Ⅲ级代表严重危害，盖度>30%。

①表格编号以监测点编号＋监测年份后两位数字＋样地编号＋样方序号＋1组成。

②水葫芦盖度为样方内水葫芦所有植株冠层投影面积占该样方面积的比例，通过估算获得。

表 2-2 样点法中不同生境中的样线选取方案

生境类型	样线选取	样线长度/m	点距/m
田洋	取对角线	50～100	1～2
林地	沿两岸各取一条（可为曲线）		
荒地			
河流			
水库	取对角线。取对角线不便或无法实现时可使用S形、V形、N形、W形曲线	20～100	
池塘和湖泊			
湿地			
道路旁	沿路两边各取一条（可为曲线）	500～100	

表 2-3 水葫芦监测样线法调查结果记录表

基本信息							
调查日期：				表格编号[①]：			
调查人：				工作单位：			
职称：				联系方式：			
监测点位置： 省（自治区、直辖市） 县（市、区） 乡（镇、街道） 村							
经纬度：				生境类型：			
样方大小/m^2：							
监测内容							
样点序号[②]	植物名称Ⅰ	株数/株	植物名称Ⅱ	株数/株	植物名称Ⅲ	株数/株	…
1							
2							
3							
4							
5							

注：①表格编号以监测点编号＋监测年份后两位数字＋水域类型序号＋3 组成。
②选取 2 条样线的，所有样线一次排序，记录于本表。

二、薇甘菊调查监测方法

在海南省 18 个市（县）针对薇甘菊的发生情况进行调查与监测，在此基础上，评估其蔓延、危害趋势。

依据《外来入侵植物监测技术规程 薇甘菊》（NY/T 1865—2010）、《外来草本植物普查技术规程》（NY/T 1861—2010）标准，采用踏查和目测相结合的方法（张国良等，2021；付卫东等，2017；赖晓娟，2013），根据各监测点的大小、形状、薇甘菊分布情况和周围环境情况，随机采用 S 形、Z 形、W 形取样方法进行调查。每个样地内样方数≥5 个，每个样方之间的距离≥5m，样方规格为 $1m^2$（1m×1m），对样方内薇甘菊所攀附的所有植物种类及薇甘菊的盖度进行调查统计，并将调查数据记录于表 2－4 中，再按照表 2－5 的数据项对调查数据进行汇总。

表 2－4 薇甘菊监测样方法种群调查表

<table>
<tr><td colspan="2">基本信息</td></tr>
<tr><td>调查日期：</td><td>调查人：</td></tr>
<tr><td>工作单位：</td><td>职称：</td></tr>
<tr><td>联系方式：</td><td>调查对象：</td></tr>
<tr><td>生育期：□营养生长期□花蕾期</td><td>样地编号：</td></tr>
<tr><td colspan="2">监测点位置： 省（自治区、直辖市） 县（市、区） 乡（镇、街道） 村</td></tr>
<tr><td>经纬度：</td><td>海拔/m：</td></tr>
<tr><td>生境类型：</td><td>样方大小/m²：</td></tr>
</table>

（续）

监测内容					
样方序号	薇甘菊序号	株数/株	薇甘菊盖度①/%	攀爬植物②	备注
1	1 2 ……				
2	1 2 ……				
……	1 2 ……				
n	1 2 ……				

注：①薇甘菊盖度指调查后计算得到的薇甘菊覆盖面积占调查面积的比例。
②攀爬植物指薇甘菊所攀爬覆盖的其他植物种类。

表 2－5　薇甘菊监测样地调查结果汇总表

基本信息	
汇总日期：	样地编号：
汇总人：	工作单位：
职称：	联系方式：

监测内容				
序号	样地内的植株数/株	出现的样方数/个	样地内的平均盖度/%	攀爬植物种类
1				
2				

（续）

监测内容				
序号	样地内的植株数/株	出现的样方数/个	样地内的平均盖度/%	攀爬植物种类
……				
n				

注：参照张国良等（2021）的方法进行薇甘菊危害等级划分：Ⅰ级代表轻度危害，盖度<3%；Ⅱ级代表中度危害，3%<盖度<20%；Ⅲ级代表严重危害，盖度>20%。

三、空心莲子草调查监测方法

在海南省18个市（县）针对空心莲子草的发生情况进行调查与监测，在此基础上，评估其蔓延、为害趋势。

依据《外来草本植物普查技术规程》（NY/T 1861—2010）、《空心莲子草综合防治技术规程》（NY/T 2153—2012）标准，采用踏查和目测相结合的方法（张国良，2021；赖晓娟，2013），根据各监测点的大小、形状、空心莲子草分布情况和周围环境情况，随机采用S形、Z形、W形取样方法进行调查。每个样地内样方数≥5个，每个样方之间的距离≥5m，样方规格为$1m^2$（1m×1m），对空心莲子草的盖度进行调查统计，并将调查数据记录于表2-6中，按照表2-7的数据项对调查数据进行汇总。

表2-6　空心莲子草监测样方法种群调查表

基本信息	
调查日期：	调查人：
工作单位：	职称：
联系方式：	调查对象：

（续）

基本信息	
生育期：□营养生长期□花蕾期	样地编号：
监测点位置： 省（自治区、直辖市） 县（市、区） 乡（镇、街道） 村	
经纬度：	海拔/m：
生境类型：	样方大小/m^2：

监测内容

样方序号	空心莲子草序号	株数/株	空心莲子草盖度①/%	备注
1	1 2 ……			
2	1 2 ……			
……	1 2 ……			
n	1 2 ……			

注：①空心莲子草盖度指调查后计算得到的空心莲子草覆盖面积占调查面积的比例。

表 2-7　空心莲子草监测样地调查结果汇总表

基本信息	
汇总日期：	样地编号：
汇总人：	工作单位：
职称：	联系方式：

（续）

监测内容			
序号	样地内的植株数/株	出现的样方数/个	样地内的平均盖度/%
1			
2			
……			
n			

注：参照张国良等（2021）的方法进行空心莲子草危害等级划分：Ⅰ级代表轻度危害，盖度＜5%；Ⅱ级代表中度危害，5%＜盖度＜30%；Ⅲ级代表严重危害，盖度＞30%。

四、福寿螺调查监测方法

在海南省18个市（县）针对福寿螺的发生情况（为害程度）进行调查与监测，在此基础上，评估其发生蔓延趋势。

在3年前调查监测的基础上，根据GPS点位进行调查。调查采用群落调查法，在监测点选取1～3个福寿螺发生的典型生境设置样地，每个样地选取5个样点，每个样点面积1m^2。并参照《福寿螺综合防治技术规程》（NY/T 2152—2012）标准，将调查结果记入表2-8。

表2-8　福寿螺调查记载表（5点取样法）

基本信息	
采集日期：	采样地点：
样地编号：	土壤类型：
受害寄主：	

监测内容					
样点	卵块/个	幼螺（＜5g）	中螺（5～10g）	大螺（＞15g）	危害等级

（续）

监测内容					
样点	卵块/个	幼螺（＜5g）	中螺（5～10g）	大螺（＞15g）	危害等级
样点1					
样点2					
样点3					
样点4					
样点5					
合计					
平均					

注：根据样地调查结果确定危害等级，按螺量划分螺害等级：Ⅰ级代表轻度发生，$5m^2$ 螺量＜1头；Ⅱ级代表中度发生，$5m^2$ 螺量1～2头；Ⅲ级代表较重发生，$5m^2$ 螺量3～10头；Ⅳ级代表严重发生，$5m^2$ 螺量10～30头；Ⅴ级代表极重发生，$5m^2$ 螺量＞100头。

第二节　海南省外来入侵物种的调查监测结果

2017—2022年，针对海南省水葫芦、薇甘菊、空心莲子草、福寿螺4种重要外来入侵生物进行监测，范围覆盖海南省除三沙市之外的18个市（县）、143个乡（镇），共506个点（3年后①）（图2-1，附表1、附表2）。其中位于海口市的有14个乡（镇）33个点、三亚市4个乡（镇）19个点、儋州市13个乡（镇）33个点、澄迈县11个乡（镇）34个点、文昌市13个乡（镇）35个点、琼海市10个乡（镇）41个点、万宁市10个乡（镇）34个点、东方市7个乡（镇）27个点、临高县8个乡（镇）29个点、陵水黎族自治县8个乡（镇）29个点、乐东黎族

① 本书所研究时间范围为2017—2022年，3年后是指这期间第一次研究时间间隔3年。

自治县 6 个乡（镇）14 个点、昌江黎族自治县 5 个乡（镇）26 个点、定安县 6 个乡（镇）35 个点、屯昌县 6 个乡（镇）26 个点、保亭黎族苗族自治县 4 个乡（镇）19 个点、琼中黎族苗族自治县 5 个乡（镇）17 个点、白沙黎族自治县 8 个乡（镇）31 个点、五指山市 5 个乡（镇）24 个点。

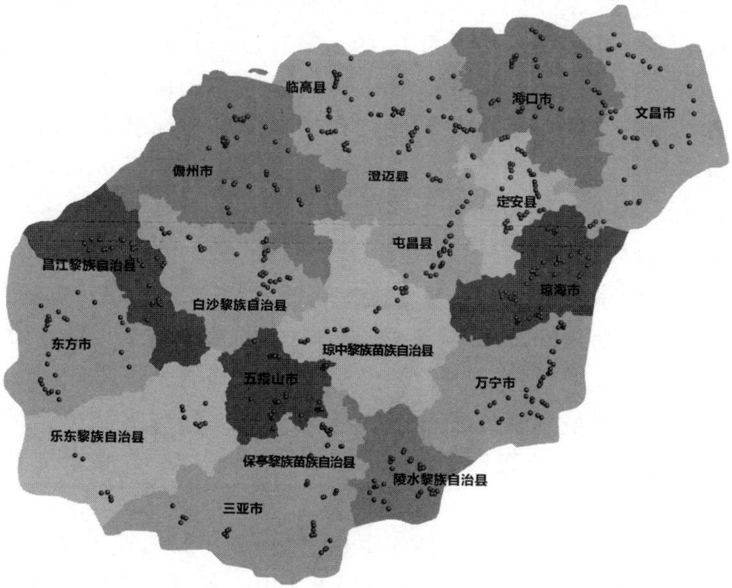

图 2-1　海南省 18 个市（县）外来入侵生物水葫芦、薇甘菊、空心莲子草、福寿螺调查监测点分布示意图

调查监测结果显示，水葫芦、薇甘菊、空心莲子草、福寿螺 4 种外来入侵生物，在所监测 18 个市（县）中的总体发生情况的变化趋势如下。

第一，2 个市（县）（东方市和定安县）水葫芦、薇甘菊、空心莲子草、福寿螺的分布频率均较 3 年前上升，尤其是福寿螺在这 2 个市（县）的分布频率上升较快，分别上升 0.36 和 0.23；薇甘菊的分布频率在定安县上升 0.43，但在东方市仅上升0.03。4种入侵生物同时在一个点都有分布的频率，在定安县从3年前的0发展为3年后的0.09（附表2）。

第二，5个市（县）（海口市、文昌市、澄迈县、临高县、白沙黎族自治县）除水葫芦的分布频率有所下降外，其他3种入侵生物的分布频率均较3年前升高，尤其是福寿螺，其分布频率升高幅度为：澄迈县0.23、白沙黎族自治县0.38、临高县0.41、海口市0.46、文昌市0.74。薇甘菊的升高幅度为：澄迈县0.05、白沙黎族自治县0.23、文昌市0.34、临高县0.35、海口市0.40。空心莲子草3年后分布频率的升高幅度为：白沙黎族自治县0.03、澄迈县0.06、临高县0.21、文昌市0.17、海口市0.42。水葫芦的分布频率虽有所下降，但下降幅度不大，文昌市和白沙黎族自治县均为0.03，临高县为0.07，澄迈县为0.09，海口市为0.13。4种入侵生物同时在一个点的分布频率，除澄迈县无变化外，文昌市、海口市、临高县均显著升高，分别从3年前的0发展为0.07、0.15和0.10，显著扩散发生。

第三，保亭黎族苗族自治县3种入侵生物（水葫芦、薇甘菊、福寿螺）的分布频率均上升，仅空心莲子草的分布频率下降。

第四，2个市（县）（儋州市和屯昌县）2种入侵生物薇甘菊和福寿螺的分布频率较3年前有显著上升（儋州市和屯昌县的薇甘菊分布频率分别上升0.22和0.16，福寿螺分布频率分别上升0.18和0.23），但水葫芦和空心莲子草的分布频率降低或不变（儋州市水葫芦分布频率下降0.19，屯昌县水葫芦分布频率无变化，儋州市和屯昌县空心莲子草分布频率分别下降0.06和0.11）。

第五，3个市（县）（万宁市、陵水黎族自治县、乐东黎族自治县）2种入侵生物（水葫芦和福寿螺）的分布频率均上升，而薇甘菊和空心莲子草的分布频率下降或不变（乐东黎族自治县不变）。

第六，2个市（县）（琼海市和琼中黎族苗族自治县）的分布频率均较3年前总体降低或无变化（例如琼海市水葫芦的分布频率下降0.04，薇甘菊的分布频率无变化，空心莲子草的分布频率下降0.19，福寿螺的分布频率下降0.12；琼中黎族苗族自治县仅福寿螺的分布频率从0.24降为0.06，水葫芦、薇甘菊、空心莲子草的分布频率均无变化）。3年前，琼海市有1个点（石壁镇老街）发现4种外来入侵生物均有分布，3年后，因治理和环境改变，未监测到4种入侵生物同时发生。琼海市4种外来入侵生物总体分布频率有所下降，3年前，有5个点均未调查到4种入侵生物，3年后，所监测到无发生的点增加5个，达到10个。琼中黎族苗族自治县4种外来入侵生物无发生的点由原来的10个增加为13个。

第七，2个市（县）（昌江黎族自治县和五指山市）4种外来入侵生物的发展趋势相对缓慢，无4种外来入侵生物调查点的分布频率均增加（昌江黎族自治县增加0.14，五指山市增加0.13），4种外来入侵生物均有的调查点分布频率为0。昌江黎族自治县除薇甘菊的分布频率从3年前的0发展为3年后的0.15外，其他3种入侵生物的分布频率均下降，而五指山市除福寿螺的分布频率较3年前升高0.12外，其他3种入侵生物的分布频率则显著下降。

第八，三亚市无4种外来入侵生物调查点的分布频率下降0.18，除福寿螺的分布频率上升0.31外，其他3种入侵生物的分布频率均显著下降，其中，水葫芦的分布频率下降0.01，薇甘菊的分布频率下降0.06，3年后所监测的19个点已无空心莲子草分布（3年前分布频率为0.06）。

在海南18个市（县），4种外来入侵生物发生扩散速度最快的为福寿螺，其次为薇甘菊，再次为空心莲子草。水葫芦因作为治理重点对象，在多个市（县）的分布频率总体呈下降趋势，但其种群增长速度最快，短期内易爆发，破坏性强，因此仍需给予最强的关注。

根据附表 2，福寿螺的分布频率总体呈现上升趋势，分析表明，福寿螺的分布频率仅在琼中黎族苗族自治县、琼海市、昌江黎族自治县有所下降，其他 15 个市（县）的分布频率均显著上升。其中，琼中黎族苗族自治县福寿螺的分布频率从 3 年前的 0.24 降至 3 年后的 0.06；琼海市的分布频率从 3 年前的 0.32 降至 3 年后的 0.20，昌江黎族自治县的分布频率从 0.36 降至 0.35，但琼海市的总体发生程度却在加重，3 年后轻度和中度的点位分布频率下降（轻度的点位分布频率从 0.16 降为 0，中度的点位分布频率从 0.14 降为 0.12），但严重的点位分布频率却有所上升（从 0.03 上升至 0.07）。

3 年前，福寿螺的分布频率由高到低依次为：保亭黎族苗族自治县（0.37）>昌江黎族自治县（0.36）>屯昌县（0.35）>琼海市（0.32）>万宁市（0.29）>定安县（0.26）>琼中黎族苗族自治县（0.24）>三亚市（0.22）>陵水黎族自治县（0.21）＝临高县（0.21）＝五指山市（0.21）>东方市（0.20）>乐东黎族自治县（0.18）>澄迈县（0.12）＝海口市（0.12）>白沙黎族自治县（0.10）>儋州市（0.06）＝文昌市（0.06）；其中最高为 0.37（保亭黎族苗族自治县），最低为 0.06（文昌市和儋州市）。

3 年后，福寿螺的分布频率由高到低依次为：文昌市（0.80）>临高县（0.62）>海口市（0.58）＝屯昌县（0.58）>东方市（0.56）>三亚市（0.53）＝保亭黎族苗族自治县（0.53）＝万宁市（0.53）>定安县（0.49）>白沙黎族自治县（0.48）>澄迈县（0.35）＝昌江黎族自治县（0.35）>五指山市（0.33）>陵水黎族自治县（0.31）>儋州市（0.24）>乐东黎族自治县（0.21）>琼海市（0.20）>琼中黎族苗族自治县（0.06），其中最高为文昌市（0.80），最低为琼中黎族苗族自治县（0.06）。

历经 3 年，福寿螺的分布频率均在上升的 15 个市（县）中，文昌市福寿螺的分布频率从最低（0.06）上升为最高（0.80），上升了0.74，3年前分布频率较低的海口市、白沙黎族自治县、儋州市，3年后福寿螺的分布频率亦显著上升（海口市从0.12上升至0.58，上升了0.46；白沙黎族自治县从0.10上升至0.48，上升了0.38；儋州市从0.06上升至0.24，上升0.18；临高县从0.21上升至0.62，上升了0.41；东方市从0.20上升至0.56，上升了0.36；三亚市从0.22上升至0.53，上升了0.31；万宁市从0.29上升至0.53，上升了0.24；定安县从0.26上升至0.49，上升了0.23；澄迈县从0.12上升至0.35，上升了0.23；屯昌县从0.35上升至0.58，上升了0.23；保亭黎族苗族自治县从0.37上升至0.53，上升了0.16；五指山市从0.21上升至0.33，上升了0.12；陵水黎族自治县从0.21上升至0.31，上升了0.10；乐东黎族自治县从0.18上升至0.21，上升了0.03）。

海南省福寿螺的分布主要集中在雨水比较充沛的市（县），而水渠的排水口及水渠附近的农田是福寿螺发生为害的重灾区，目前有从发生地和为害相对比较严重的地区，沿着水利灌溉渠向海南省相对干旱的地区辐射蔓延的趋势。大片的水稻田和大型苗圃是福寿螺滋生的优良生境，也是最难控制的区域。农产品、种质资源的运输和交流以及交通工具的往来都是福寿螺得以快速扩散的主要途径。这与其产卵量高、活动能力强等因素有关。

根据附表2，薇甘菊分布频率的上升幅度仅次于福寿螺，中度发生程度点位的分布频率在7个市（县）有明显上升，严重发生程度点位的分布频率在9个市（县）有明显上升。

3年前，薇甘菊的分布频率由高到低依次为：澄迈县（0.71）＞临高县（0.62）＞海口市（0.45）＞文昌市（0.43）＝定安县（0.43）＞儋州市（0.39）＞五指山市（0.25）＞琼海市（0.22）＞保亭黎族苗族自治县（0.21）＞屯昌县（0.15）＞三亚市（0.11）＞万宁市（0.09）＞东方市（0.08）＞陵水黎族自治县（0.07）＞琼中黎族苗族自治县（0.06）＞白沙黎族自治县

(0.03) >昌江黎族自治县 (0) =乐东黎族自治县 (0)。其中，薇甘菊的分布频率最高为0.71 (澄迈县)，最低为0 (昌江黎族自治县和乐东黎族自治县)。

3年后，薇甘菊的分布频率由高到低依次为：临高县(0.97) >定安县 (0.86) >海口市 (0.85) >文昌市(0.77) >澄迈县 (0.76) >儋州市 (0.61) >保亭黎族苗族自治县(0.47) >屯昌县 (0.31) >白沙黎族自治县 (0.26) >琼海市(0.22) >五指山市 (0.17) >昌江黎族自治县 (0.15) >东方市 (0.11) >琼中黎族苗族自治县 (0.06) >三亚市 (0.05) >万宁市 (0.03) =陵水黎族自治县 (0.03) >乐东黎族自治县 (0)。

历经3年，薇甘菊的分布频率在11个市（县）呈上升趋势，主要包括：定安县上升0.43，海口市上升0.40，临高县上升0.35，文昌市上升0.34，保亭黎族苗族自治县上升0.26，白沙黎族自治县上升0.23，儋州市上升0.22，屯昌县上升0.16，昌江黎族自治县上升0.15，澄迈县上升0.05，东方市上升0.03；3个市（县）未发生变化，分别为琼中黎族苗族自治县、琼海市、乐东黎族自治县；4个市（县）薇甘菊的分布频率呈下降趋势，五指山市下降0.08，三亚市和万宁市均下降0.06，陵水黎族自治县下降0.04。

根据附表2，空心莲子草在海南省18个市（县）的发生扩散总体相对较慢，海口市、临高县、文昌市、定安县、东方市、澄迈县、白沙黎族自治县分布频率升高，其他市（县）不变或下降。

3年前，空心莲子草的分布频率由高到低依次为：琼海市(0.43) >万宁市 (0.38) >陵水黎族自治县 (0.24) >定安县(0.23) >五指山市 (0.21) >文昌市 (0.17) >保亭黎族苗族自治县 (0.16) >屯昌县 (0.15) >儋州市 (0.12) >昌江黎族自治县 (0.09) >东方市 (0.08) >海口市 (0.06) =三亚市

(0.06)>澄迈县(0.03)=临高县(0.03)=白沙黎族自治县(0.03)>琼中黎族苗族自治县(0)=乐东黎族自治县(0)。其中，空心莲子草分布频率最高为0.43(琼海市)，最低为0(琼中黎族苗族自治县和乐东黎族自治县)。

3年后，空心莲子草的分布频率由高到低依次为：海口市(0.48)>定安县(0.37)>文昌市(0.34)>临高县(0.24)=琼海市(0.24)>东方市(0.15)=万宁市(0.15)>澄迈县(0.09)>陵水黎族自治县(0.07)>白沙黎族自治县(0.06)=儋州市(0.06)>五指山市(0.04)=屯昌县(0.04%)>保亭黎族苗族自治县(0)=三亚市(0)=昌江黎族自治县(0)=琼中黎族苗族自治县(0)=乐东黎族自治县(0)。

历经3年，空心莲子草的分布频率在7个市(县)呈上升趋势，9个市(县)呈下降趋势，2个市(县)无变化。7个市(县)分布频率的上升幅度由高到低依次为：海口市(0.42)>临高县(0.21)>文昌市(0.17)>定安县(0.14)>东方市(0.07)>澄迈县(0.06)>白沙黎族自治县(0.03)；9个市(县)分布频率的下降幅度由高到低依次为：万宁市(0.23)>琼海市(0.19)>陵水黎族自治县(0.17)=五指山市(0.17)>保亭黎族苗族自治县(0.16)>屯昌县(0.11)>昌江黎族自治县(0.09)>儋州市(0.06)=三亚市(0.06)；无变化的2个市(县)分别为琼中黎族苗族自治县和乐东黎族自治县，3年前、后均无空心莲子草发生。

近年来，作为重点治理对象，水葫芦在海南省18个市(县)的发生变化较大，根据附表2，大多数市(县)的分布频率呈下降趋势。

3年前，水葫芦的分布频率由高到低依次为：万宁市(0.68)>文昌市(0.60)>儋州市(0.58)>海口市(0.52)>琼海市(0.41)>乐东黎族自治县(0.36)>临高县(0.31)>东方市(0.24)>三亚市(0.22)>五指山市(0.21)>澄迈县

(0.18) =昌江黎族自治县 (0.18) >陵水黎族自治县(0.17) >屯昌县 (0.15) >白沙黎族自治县 (0.13) >琼中黎族苗族自治县 (0.12) >保亭黎族苗族自治县 (0.11) >定安县 (0.09)。其中,水葫芦分布频率最高为 0.68 (万宁市),最低为 0.09 (定安县)。

3 年后,水葫芦的发生频率由高到低依次为:万宁市 (0.71) >文昌市 (0.57) >乐东黎族自治县 (0.43) >儋州市 (0.39) =海口市 (0.39) >琼海市 (0.37) >东方市 (0.26) >临高县 (0.24) >三亚市 (0.21) =陵水黎族自治县 (0.21) >保亭黎族苗族自治县 (0.16) >屯昌县 (0.15) =昌江黎族自治县 (0.15) >琼中黎族苗族自治县 (0.12) >定安县 (0.11) >白沙黎族自治县 (0.10) >澄迈县 (0.09) >五指山市 (0.04)。其中水葫芦分布频率最高为0.71% (万宁市),最低为0.04 (五指山市)。

历经 3 年,6 个市(县)水葫芦的分布频率呈上升趋势,10 个市(县)水葫芦的分布频率呈下降趋势,2 个市(县)未发生变化。其中,上升的 6 个市(县)上升幅度由高到低依次为:乐东黎族自治县 (0.07) >保亭黎族苗族自治县 (0.05) >陵水黎族自治县 (0.04) >万宁市 (0.03) >东方市 (0.02) =定安县 (0.02);下降的 10 个市(县)分布频率下降幅度由高到低依次为:儋州市 (0.19) >五指山市 (0.17) >海口市 (0.13) >澄迈县 (0.09) >临高县 (0.07) >琼海市 (0.04) >文昌市 (0.03) =白沙黎族自治县 (0.03) =昌江黎族自治县 (0.03) >三亚市 (0.01)。屯昌县和琼中黎族苗族自治县无变化。

一、海口市 4 种外来入侵生物发生为害和扩散蔓延情况

海口市调查外来入侵生物分布地所涉及 14 个乡(镇)的 33 个点,2019 年与 2022 年监测结果显示,薇甘菊分布由 8 个乡(镇)

的15个点增加至13个乡（镇）28个点，空心莲子草分布由2个乡（镇）的2个点发展为9个乡（镇）的16个点，水葫芦分布由10个乡（镇）17个点减少至9个乡（镇）的13个点，福寿螺分布由4个乡（镇）的4个点增加至10个乡（镇）的19个点（见附表1）。

1. 海口市4种外来入侵生物发生情况

水葫芦的发生：2019年，水葫芦在海口市14个调查的乡（镇）中10个乡（镇）（灵山镇、演丰镇、三江镇、大致坡镇、旧州镇、红旗镇、城西镇、新坡镇、龙塘镇、府城镇）均有发生；而在点片治理的情况下，2022年，水葫芦的发生乡（镇）较2019年减少1个（府城镇），分布由2019年的17个点（江东大道旁东园村池塘、江东大道与琼山大道交界处、江东大道旁南调村、江东大道旁不知名桥下方、演中村池塘、美敏桥下方演州河、洋仔村高林桥下方、德熏桥下方河流、红壤村河流、大样村、大样村旁农田、114县道旁南面沟、下市村下市塘、光荣村池塘、新发地农业基地前梁老桥下方河流、玉仙村、美元村）减少至13个点（江东大道旁东园村池塘、江东大道与琼山大道交界处、演中村池塘、美敏桥下方演州河、洋仔村高林桥下方、德熏桥下方河流、红壤村河流、羊山水库边上、坡训村环岛高速旁、114县道旁南面沟、光荣村池塘、新发地农业基地前梁老桥下方河流、玉仙村）；2019年，在城西镇羊山水库边上和坡训村环岛高速旁2个点没有发生水葫芦为害，2022年，这两个点发生中度和严重的水葫芦为害；江东大道旁南调村、江东大道旁不知名桥下方、大样村、大样村旁农田、下市村下市塘、美元村6个点的水葫芦经过治理已无发生。

薇甘菊的发生：2019年，海口市有8个乡（镇）（三江镇、龙华区、城西镇、遵谭镇、永兴镇、龙泉镇、龙塘镇、府城镇）15个点（罗化桥旁苗圃旁、南育桥旁苗圃、丁村万人海鲜广场旁、大样村旁田洋、大样村、坡崖村、羊山水库边上、坡训村环岛高速旁、美顶村、224国道旁24田洋、昌旺田洋、美仁村158

县道旁、便民街旁、玉仙村、永朗村）发生薇甘菊；2022 年，薇甘菊发生范围扩大至所有调查到的 13 个乡（镇）（演丰镇、三江镇、大致坡镇、旧州镇、红旗镇、龙华区、城西镇、遵谭镇、永兴镇、新坡镇、龙泉镇、龙塘镇、府城镇）的 28 个点（33 个点中，除了江东大道旁东园村池塘、江东大道与琼山大道交界处、江东大道旁南调村、江东大道旁不知名桥下方、新发地农业基地前梁老桥下方河流 5 个点外的所有点）；分布频率由 2019 年的 0.45 发展为 2022 年的 0.85。

空心莲子草的发生：空心莲子草的扩散速度相对较快，发生范围显著扩大，2019 年，有 2 个乡（镇）（红旗镇和城西镇）的 2 个点（福地田洋和大样村旁田洋）发生；2022 年，有 9 个乡（镇）（灵山镇、演丰镇、三江镇、大致坡镇、红旗镇、龙华区、城西镇、新坡镇、府城镇）的 16 个点（江东大道旁东园村池塘、江东大道与琼山大道交界处、江东大道旁南调村、江东大道旁不知名桥下方、演中村池塘、南育桥旁苗圃、美敏桥下方演州河、洋仔村高林桥下方、红壤村河流、丁村万人海鲜广场旁、大样村旁田洋、114 县道旁南面沟、下市村下市塘、光荣村池塘、新发地农业基地前梁老桥下方河流、美元村）发生；分布频率由 0.06 增加至 0.48。

福寿螺的发生：福寿螺的发生由 2019 年 4 个乡（镇）（演丰镇、旧州镇、红旗镇、城西镇）的 4 个点（苏民村苏民田洋、十公里田洋、福地田洋、大样村旁田洋）发展为 2022 年 10 个乡（镇）（灵山镇、演丰镇、三江镇、大致坡镇、红旗镇、城西镇、遵谭镇、永兴镇、新坡镇、龙塘镇）的 19 个点（江东大道旁东园村池塘、江东大道旁南调村、江东大道旁不知名桥下方、演中村池塘、苏民村苏民田洋、罗化桥旁苗圃旁、南育桥旁苗圃、美敏桥下方演州河、洋仔村高林桥下方、红壤村河流、福地田洋、大样村旁田洋、大样村旁农田、224 国道旁 24 田洋、昌旺田洋、114 县道旁南面沟、下市村下市塘、新发地农业基地前梁老桥下方河流、玉仙村)。福寿螺因为活动、繁殖速度快,以及可随水流传播扩散等,所以蔓延扩散速度相对较快。

2019 年,在海口市未同时发现有 4 种外来入侵物种的点,到 2022 年有 5 个点(演中村池塘、美敏桥下方演州河、洋仔村高林桥下方、红壤村河流、114 县道旁南面沟)均发现 4 个物种同时存在,且发生较严重,这些位点所在地域应该作为今后主要治理的点。

2. 海口市 4 种外来入侵生物发生生境的变化

海口市水葫芦的发生生境在 2022 年已不见田洋及道路旁,主要集中在池塘和湖泊、河流,荒地水域也有部分发生,治理工作的开展使得河流的水葫芦发生量与 2019 年相比有下降趋势(图 2-2)。

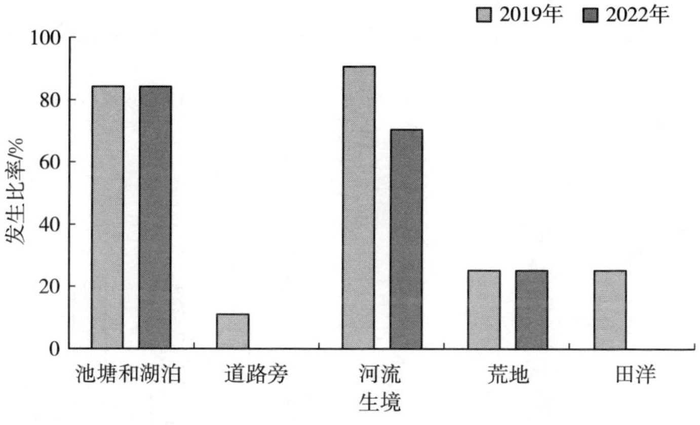

图 2-2　水葫芦在海口市不同生境的分布

海口市薇甘菊的发生生境包括池塘和湖泊、道路旁、河流、荒地、田洋,其中道路旁的发生比率在 2019 年和 2022 年均最多,其他 4 种生境的发生比率均较 2019 年显著增加(图 2-3)。

海口市空心莲子草的发生生境从田洋,扩散至河流、池塘和

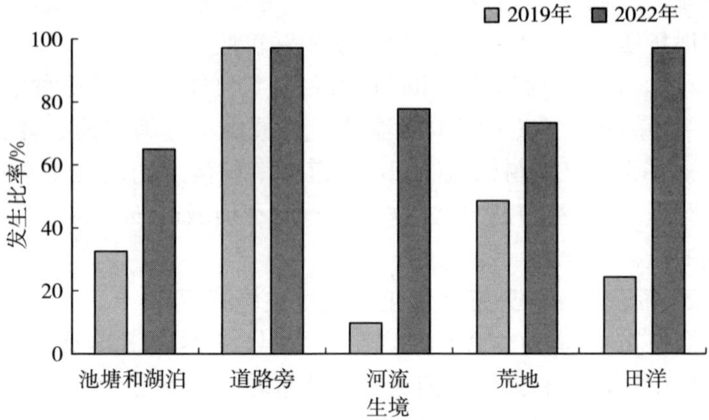

图 2-3　薇甘菊在海口市不同生境的分布

湖泊以及荒地，尤其是在河流、池塘和湖泊空心莲子草的发生为害程度显著加重，田洋的发生比率较 2019 年下降（图 2-4）。

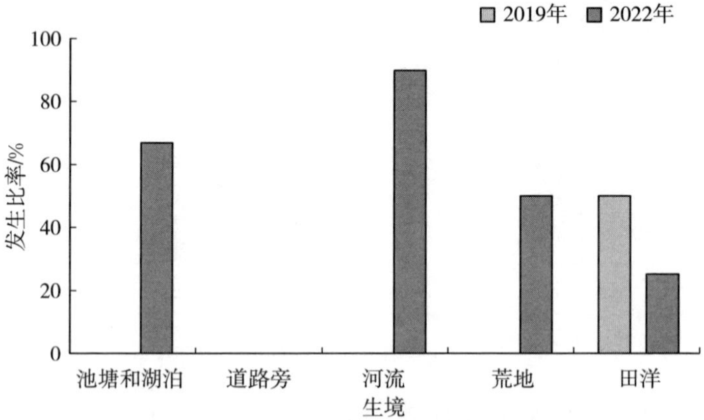

图 2-4　空心莲子草在海口市不同生境的分布

海口市福寿螺的发生生境在 2019 年主要为田洋、荒地，2022 年，发生极大变化，发生生境已从田洋、荒地扩散至池塘和湖泊、河流、道路旁（图 2-5）。

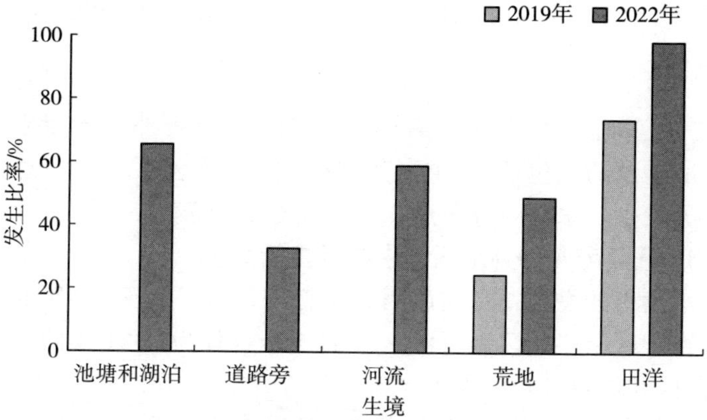

图 2-5 福寿螺在海口市不同生境的分布

3. 海口市薇甘菊附生植物种类

海口市薇甘菊的附生植物主要为露兜树、白茅、对叶榕、香蕉、椰子、海芋、印楝、番木瓜、榄仁、木麻黄等（表 2-9）。

表 2-9 海口市受薇甘菊为害的主要植物种类及受害程度

植物种类	受害程度
露兜树 *Pandanus tectorius*	3
白茅 *Imperata cylindrica*	3
对叶榕 *Ficus hispida*	3
香蕉 *Musa paradisiaca*	2
椰子 *Cocos nucifera*	2
海芋 *Alocasia odora*	2
印楝 *Azadirachta indica*	2
番木瓜 *Carica papaya*	1
榄仁 *Terminalia catappa*	1
木麻黄 *Casuarina equisetifolia*	1

注：受害程度的划分标准，1 为轻度受害（被薇甘菊覆盖＜20%，生长受到较小的影响）；2 为中度受害（被薇甘菊覆盖 20% ～ 60%，生长受到较大的影响）；3 为重度受害（被薇甘菊覆盖＞60%，生长明显受阻或基本停止生长）。

二、三亚市4种外来入侵生物发生为害和扩散蔓延情况

三亚市位于海南岛的南部，2021年，调查外来入侵生物分布地所涉及的点包括19个，其中薇甘菊分布点1个，空心莲子草未见发生，水葫芦分布点4个，福寿螺分布点10个。

1. 三亚市4种外来入侵生物发生情况

水葫芦的发生：水葫芦因人工打捞治理，由2018年的3个区（吉阳区、崖州区和天涯区）的4个点降为2021年的2个区（吉阳区和崖州区）的4个点。

薇甘菊的发生：三亚市薇甘菊的分布点由2018年的2个点降为2021年的1个点，均分布在吉阳区，分布频率由0.11降低为0.05，中寥村路边的薇甘菊已治理，由2018年中度发生转变为2021年消失。

空心莲子草的发生：2018年有1个区（天涯区）的1个点发现空心莲子草中度为害，至2021年，经过治理已消失。

福寿螺的发生：2021年，三亚市福寿螺的分布区与2018年相同，也为4个区（吉阳区、崖州区、天涯区和海棠区），分布点则从4个发展为10个，分布频率由2018年的0.22发展为0.53，发生程度由2018年的中度、严重发展为严重、极重。

未发现4种外来入侵物种的点从2018年的8个点降至2021年的5个点。2021年4种外来入侵生物都发生的区域同2018年一样，均为0。

2. 三亚市4种外来入侵生物发生生境的变化

与2018年相比，2021年三亚市水葫芦的发生生境除河流和田洋外，还扩散至荒地。道路旁（神庭村鱼塘）和部分田洋（上塘村湖泊）的水葫芦已得到治理。但部分点位仍然有轻度发生（立村，牛落水库；坡田洋河流）、中度发生（河南省安阳市农业科学院海南实验基地）、严重发生（上塘村河流）（图2-6）。

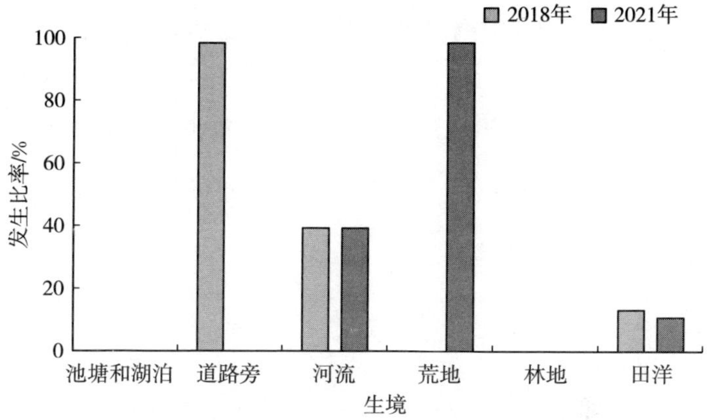

图 2-6　水葫芦在三亚市不同生境的分布

与 2018 年相比，2021 年三亚市薇甘菊的发生生境由原来的河流、池塘和湖泊缩小到仅为河流，发生范围缩小，发生程度无变化（图 2-7），这说明三亚市对池塘和湖泊的薇甘菊进行了有效治理。

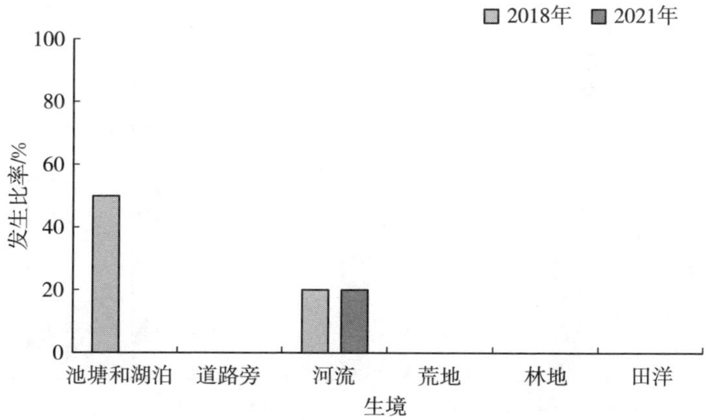

图 2-7　薇甘菊在三亚市不同生境的分布

与 2018 年相比，2021 年三亚市 19 个调查监测点均未发现空心莲子草的为害，2018 年存在 1 个中度发生的点（图 2－8），这可能与三亚市作为国家南繁科研育种基地和旅游城市、土地利用率高、田洋改菜地、周边生态环境治理有关。

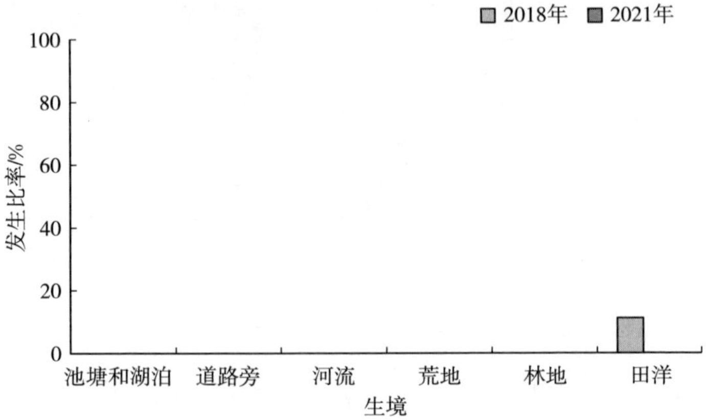

图 2－8　空心莲子草在三亚市不同生境的分布

与 2018 年相比，2021 年三亚市福寿螺的发生生境从池塘和湖泊、田洋、河流逐渐向林地转移，发生程度显著加重（图 2－9）。

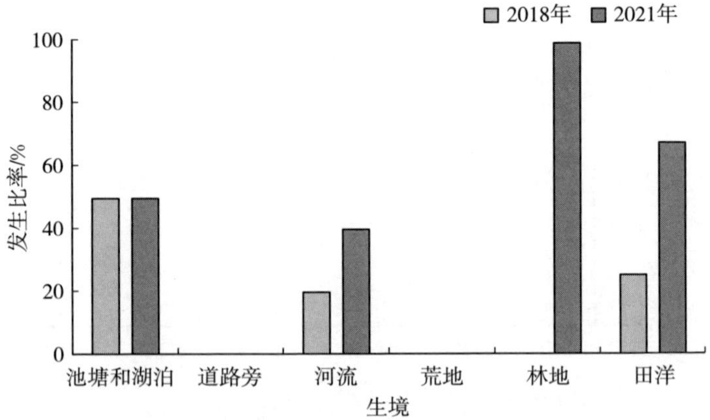

图 2－9　福寿螺在三亚市不同生境的分布

3. 三亚市薇甘菊附生植物种类

三亚市薇甘菊的附生植物主要为椰子树、槟榔、黄皮、烟火树、棕竹等（表 2－10）。

表 2－10　三亚市受薇甘菊为害的主要植物种类及受害程度

植物种类	受害程度
椰子 *Cocos nucifera*	1
槟榔 *Areca catechu*	1
黄皮 *Clausena lansium*	1
棕竹 *Rhapis excelsa*	2
烟火树 *Clerodendrum quadriloculare*	1
光叶子花 *Bougainvillea glabra*	1

注：受害程度的划分标准，1 为轻度受害（被薇甘菊覆盖＜20%，生长受到较小的影响）；2 为中度受害（被薇甘菊覆盖 20% ～ 60%，生长受到较大的影响）；3 为重度受害（被薇甘菊覆盖＞60%，生长明显受阻或基本停止生长）。

三、儋州市 4 种外来入侵生物发生为害和扩散蔓延情况

儋州市调查外来入侵生物分布地所涉及的点包括 13 个乡（镇）的 33 个点。2019 年与 2022 年监测结果显示，薇甘菊分布由 9 个乡（镇）的 13 个点增加至 11 个乡（镇）的 20 个点，空心莲子草分布由 3 个乡（镇）的 4 个点减少至 2 个乡（镇）的 2 个点，水葫芦分布由 11 个乡（镇）19 个点减少为 9 个乡（镇）的 13 个点，福寿螺分布由 2 个乡（镇）的 2 个点增加至 7 个乡（镇）的 8 个点（附表 1）。

1. 儋州市 4 种外来入侵生物发生情况

水葫芦的发生：2019 年，水葫芦在儋州市 13 个调查乡（镇）中有 11 个乡（镇）（那大镇、中和镇、木棠镇、新州镇、

王五镇、西庆农场、和庆镇、南丰镇、八一农场、西华农场、白马井镇）发生；而在点片治理的情况下，2022 年，水葫芦的发生乡（镇）较 2019 年减少至 9 个乡（镇）（那大镇、木棠镇、新州镇、王五镇、西庆农场、和庆镇、南丰镇、八一农场、西华农场），分布点由 2019 年的 19 个点（何宅村白木根山塘、脍元村脍园桥下方河流、东坡村东坡塘、小高地村、西边村、官田村徐浦桥下方河流、徐浦村池塘、官田村山塘、农牧队不知名河流、场部南正水河流、两院旁河流、和庆农场略亚河河流、新征农场山塘、坝尾村南茶水库、三分场七一桥水库、场部西华沟桥下方河流、佳华幼儿园旁河流、学村高铁下方、春兰村河沟）减少至 13 个点（脍元村脍园桥下方河流、西边村、徐浦村池塘、官田村山塘、农牧队不知名河流、场部南正水河流、新征农场山塘、坝尾村南茶水库、三分场七一桥水库、场部西华沟桥下方河流、二十队水库、佳华幼儿园旁河流、春兰村河沟）；2019 年没有发生水葫芦为害的西华农场二十队水库，2022 年发生严重的水葫芦为害；中和镇的何宅村白木根山塘、东坡村东坡塘、小高地村，王五镇的官田村徐浦桥下方河流，那大镇的两院旁河流，和庆镇的和庆农场略亚河河流，白马井镇的学村高铁下方 7 个点的水葫芦经过治理已无发生。

薇甘菊的发生：2019 年，儋州市有 9 个乡（镇）（东成镇、那大镇、中和镇、新州镇、王五镇、西庆农场、南丰镇、八一农场、白马井镇）的 13 个点（洪山村、屋基村爱尚玫瑰园正门前、平地村、何宅村白木根山塘、高第村农田、长塘村、徐浦村农田、徐浦村池塘、灵郎村农田、一队、油堂村水电站旁、三分场七一桥水库、白马井立交）发生薇甘菊；2022 年，薇甘菊发生范围扩大至所有调查到的 11 个乡（镇）（东成镇、那大镇、中和镇、新州镇、王五镇、大成镇、西庆农场、和庆镇、南丰镇、八一农场、西华农场）的 20 个点（洪山村、屋基村爱尚玫瑰园正门前、何宅村白木根山塘、小高地村、长塘村、官田村徐浦桥下方河流、徐浦村农田、徐浦村池塘、灵郎村农田、可久村农田、农牧队不知名河流、场部南正水河流、一队、和庆农场略亚河河流、新征农场山塘、油堂村水电站旁、坝尾村南茶水库、栖榕新村、场部西华沟桥下方河流、佳华幼儿园旁河流），分布频率由2019年的0.39发展为2022年的0.61。

空心莲子草的发生：空心莲子草的扩散速度相对较快，发生范围显著扩大，2019年有3个乡（镇）（中和镇、新州镇、八一农场）的4个点（何宅村白木根山塘、小高地村、西边村农田、栖榕新村）发生，2022年降至2个乡（镇）（中和镇和新州镇）的2个点（高第村农田和西边村农田），分布频率由0.12降低至0.06。

福寿螺的发生：福寿螺的发生由2019年的2个乡（镇）（大成镇和西华农场）的2个点（洪可久村农田和二十队水库）发展为2022年7个乡（镇）（中和镇、王五镇、大成镇、西庆农场、和庆镇、八一农场、西华农场）的8个点（何宅村白木根山塘、官田村徐浦桥下方河流、可久村农田、农牧队不知名河流、和庆农场略亚河河流、新征农场山塘、栖榕新村、二十队水库）。福寿螺自身的活动、繁殖速度快以及可随水流传播扩散等因素造成其蔓延扩散速度相对较快。

2019年，4种外来入侵生物在儋州市的所有点都有发生，但2022年的调查发现，有5个点未发现任何一种外来入侵物种。

2. 儋州市4种外来入侵生物发生的生境变化

儋州市水葫芦发生的生境类型在2019—2022年减少，道路旁因不规则改造，水域减少，水葫芦的发生比率降低；但水葫芦在水库、池塘和湖泊却高频率发生，尤其是在水库的发生比率显著升高。2021年河流中水葫芦的发生比率较2019年下降，池塘和湖泊的未发生变化（图2-10）。

2019年，儋州市薇甘菊发生的生境包括田洋、水库、道路旁、池塘和湖泊，其中，道路旁的发生比率最高，发生程度也最严重。2022年，池塘和湖泊、河流的发生比率显著上升，河流边水分充足，可使薇甘菊加速扩散蔓延（图 2-11）。

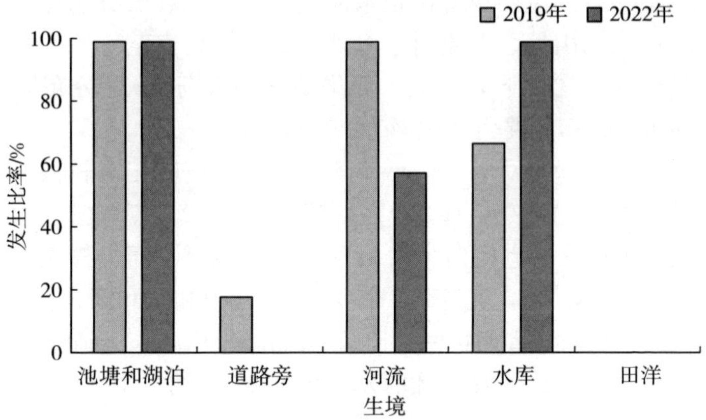

图 2-10　水葫芦在儋州市不同生境的分布

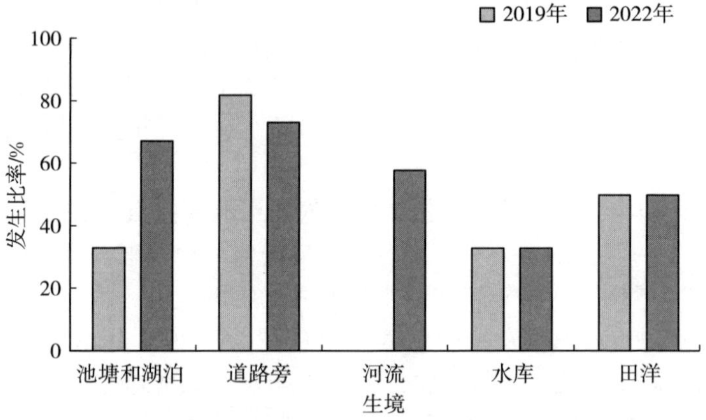

图 2-11　薇甘菊在儋州市不同生境的分布

随着田洋改造等项目实施，相比较 2019 年，儋州市空心莲子草的发生范围在 2022 年有所下降，生境类型从田洋、河流和道路旁变为田洋（图 2-12）。

在 2019 年，儋州市仅在田洋和水库发现福寿螺，2022 年，

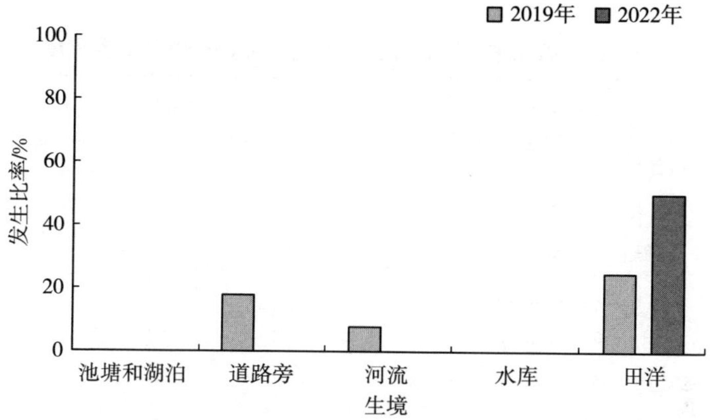

图 2-12　空心莲子草在儋州市不同生境的分布

田洋、河流、道路旁、水库、池塘和湖泊均发现福寿螺的为害（图 2-13）。

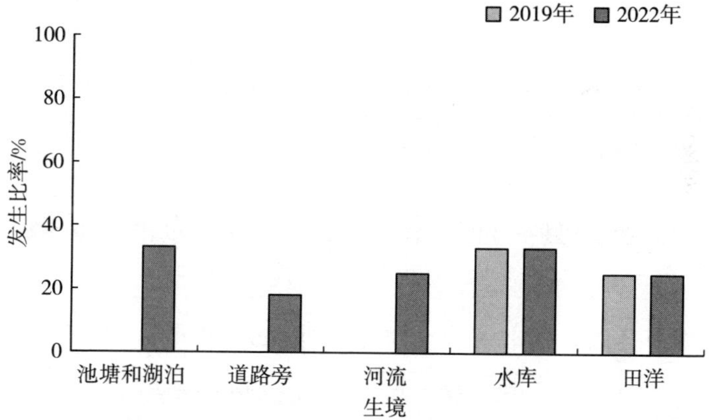

图 2-13　福寿螺在儋州市不同生境的分布

3. 儋州市薇甘菊附生植物种类

儋州市薇甘菊的附生植物主要为露兜树、海芋、杧果、白茅、橡胶树、光荚含羞草、叶子花、对叶榕、闭鞘姜、印楝等

（表 2-11）。

表 2-11　儋州市受薇甘菊为害的主要植物种类及受害程度

植物种类	受害程度
露兜树 *Pandanus tectorius*	3
杧果 *Mangifera indica*	3
簕竹 *Bambusa* spp.	3
光荚含羞草 *Mimosa bimucronata*	3
对叶榕 *Ficus hispida*	3
印楝 *Azadirachta indica*	3
海芋 *Alocasia odora*	2
白茅 *Imperata cylindrica*	2
橡胶树 *Hevea brasiliensis*	1
叶子花 *Bougainvillea spectabilis*	1
闭鞘姜 *Hellenia speciosa*	1
榕树 *Ficus* spp.	1

注：受害程度的划分标准，1 为轻度受害（被薇甘菊覆盖＜20%，生长受到较小的影响）；2 为中度受害（被薇甘菊覆盖 20% ～ 60%，生长受到较大的影响）；3 为重度受害（被薇甘菊覆盖＞60%，生长明显受阻或基本停止生长）。

四、澄迈县 4 种外来入侵生物发生为害和扩散蔓延情况

澄迈县调查外来入侵生物分布地涉及 11 个乡（镇）的 34 个点，2019 年（3 年前）与 2022 年（3 年后）监测结果显示，水葫芦分布由 4 个乡（镇）的 6 个点降为 2 个乡（镇）的 3 个点，薇甘菊分布由 10 个乡（镇）的 24 个点增加至 26 个点，乡（镇）范围未扩大，空心莲子草分布由 1 个乡（镇）的 1 个点增加至 3 个乡（镇）的 3 个点，福寿螺分布由 4 个乡（镇）的 4 个增加至 6 个乡（镇）的 12 个点（附表 1）。

1. 澄迈县4种外来入侵生物发生情况

水葫芦的发生：澄迈县2019年在11个调查乡（镇）的有4个乡（镇）（金安农场、金江镇、瑞溪镇、永发镇）有水葫芦发生，而在点片治理的情况下，与2019年相比，2022年水葫芦的发生乡（镇）减少为2个（金江镇、永发镇），分布点由2019年的6个点（罗浮村农田、海河村池塘、文头村山塘、海仔村、瑞溪村农田、彩云村排坡洋农田）减少至3个（海河村池塘、墩山村农田、彩云村排坡洋农田），2019年没有水葫芦为害的金江镇墩山村农田在2022年出现中度水葫芦为害情况。罗浮村农田、文头村山塘、海仔村、瑞溪村农田4个点经过治理已无水葫芦发生。

薇甘菊的发生：澄迈县2019年有10个乡（镇）（金江镇、大丰镇、福山镇、红光农场、中兴镇、瑞溪镇、永发镇、文儒镇、加乐镇、老城镇）的24个点（北排山村、福龙村农田、苏博园泊乐园采摘美食农家乐、华良村、土南村农田、土南村美大河旁、红波队河流旁、墩龙村、仁家村、文头村山塘、墩山村农田、高山朗村、大兴村河流旁、林峨村、里万村、大坡村、北文村、谷室村大东洋农田、旧市村、南林村、军岭村、深空岭村、美亭村、白莲村白莲敬老院对面）发生薇甘菊，2022年乡（镇）范围未扩大，分布点增加至26个（北排山村、福龙村农田、苏博园泊乐园采摘美食农家乐、博才村博才田洋、华良村、土南村农田、土南村美大河旁、红波队河流旁、墩龙村、仁家村、文头村山塘、墩山村农田、高山朗村、大兴村河流旁、林峨村、里万村、大坡村、北文村、谷室村大东洋农田、仙儒村池塘、彩云村排坡洋农田、旧市村、南林村、深空岭村、美亭村、白莲村白莲敬老院对面）发生薇甘菊，分布频率由2019年的0.71发展为2022年的0.76（附表2）。

空心莲子草的发生：澄迈县空心莲子草的扩散速度相对较快，发生范围逐渐扩大，2019年有1个乡（镇）（瑞溪镇）的1个点（仙儒村池塘）发生，2022年有3个乡（镇）（金安农场、瑞溪镇、永发镇）的 3 个点（罗浮村农田、瑞溪村农田、谷室村大东洋农田）发生空心莲子草。分布频率由 0.03 增加至 0.09（附表 2）。

福寿螺的发生：由 2019 年的 4 个乡（镇）（瑞溪镇、福山镇、金江镇、永发镇）的 4 个点（北畔仔村北畔仔洋、博才村博才田洋、山口村山口洋、排坑岭村大东洋）发展为 2022 年的 6 个乡（镇）（瑞溪镇、金安农场、金江镇、福山镇、永发镇、文儒镇）的 12 个点（北畔仔村北畔仔洋、罗浮村农田、博才村博才田洋、山口村山口洋、海仔村、大坡村、瑞溪村农田、谷室村大东洋农田、仙儒村池塘、排坑岭村大东洋、彩云村排坡洋农田、南林村）发生福寿螺为害。由于福寿螺有自身的活动、繁殖速度快并可随水流传播扩散等因素，造成其蔓延扩散速度相对较快。

因治理和改造，澄迈县 2022 年有 1 个点（文儒镇的军岭村）未发现所调查的 4 种外来入侵生物。

2. 澄迈县 4 种外来入侵生物发生生境的变化

澄迈县水葫芦的发生生境主要为池塘和湖泊、田洋，2019—2022 年生境类型未发生变化，但发生比率均显著下降（图 2-14）。

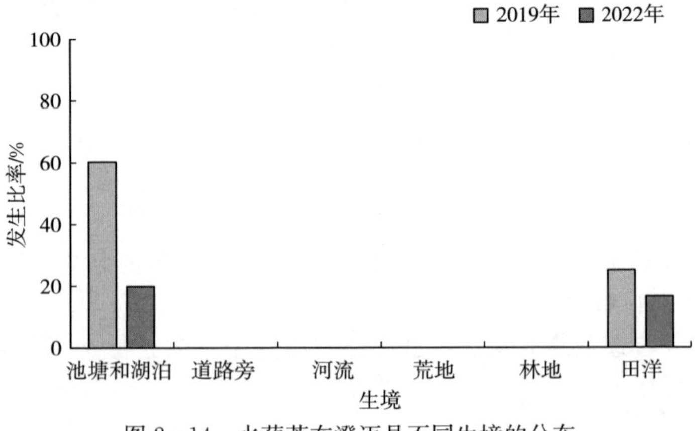

图 2-14　水葫芦在澄迈县不同生境的分布

澄迈县薇甘菊的发生生境包括池塘和湖泊、道路旁、河流、荒地、林地、田洋，与 2019 年相比，2022 年虽然发生生境类型无变化，但薇甘菊在田洋、池塘和湖泊的发生比率显著上升，林地的发生比率有所下降，其他生境的发生比率无显著变化（图 2-15）。

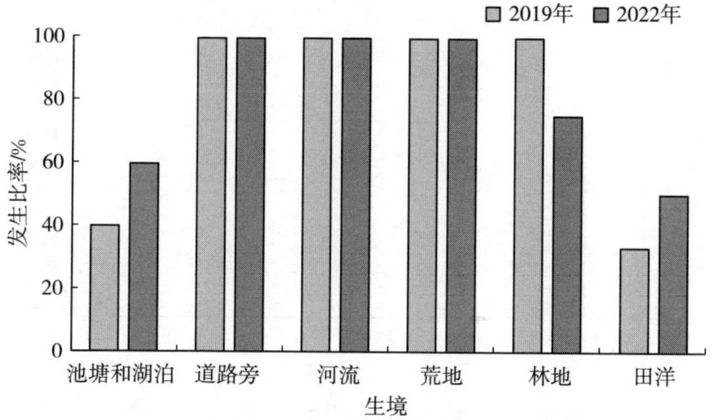

图 2-15　薇甘菊在澄迈县不同生境的分布

澄迈县空心莲子草的发生范围从 2019 年的池塘和湖泊，发展到 2022 年的池塘和湖泊、田洋，且田洋的发生比率与池塘和湖泊基本一致（图 2-16）。

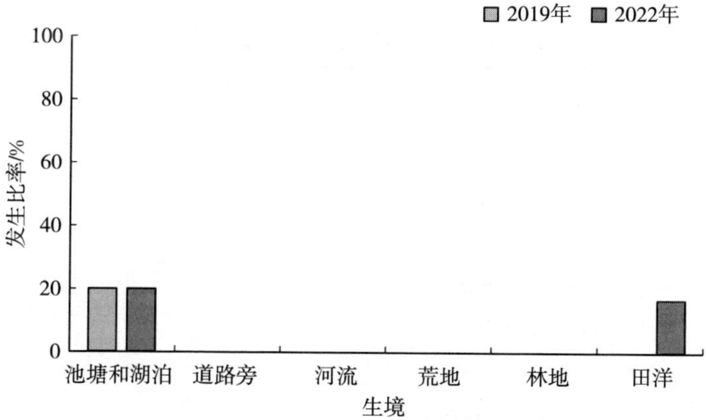

图 2-16　空心莲子草在澄迈县不同生境的分布

2019年澄迈县仅在田洋发现福寿螺，2022年，除了田洋以外，池塘和湖泊也发现福寿螺的为害，田洋2022年的发生比率显著高于2019年（图2-17）。

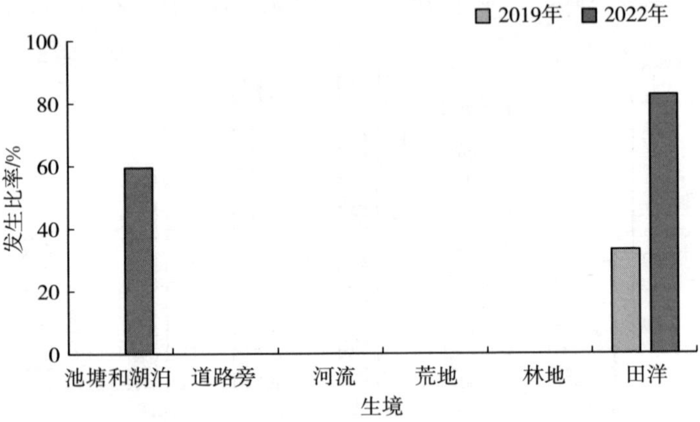

图2-17　福寿螺在澄迈县不同生境的分布

3. 澄迈县薇甘菊附生植物种类

澄迈县薇甘菊的附生植物主要为露兜树、香蕉、海芋、芋、对叶榕、白楸、印楝、光荚含羞草、木薯、白茅、水茄、散尾葵、薏苡等（表2-12）。

表2-12　澄迈县受薇甘菊为害的主要植物种类及受害程度

植物种类	受害程度
露兜树 *Pandanus tectorius*	3
香蕉 *Musa paradisiaca*	3
海芋 *Alocasia oclora*	2
芋 *Colcasia esculenta*	2
对叶榕 *Ficus hispida*	2
白楸 *Mallotus paniculatus*	2
印楝 *Azadirachta indica*	2

（续）

植物种类	受害程度
光荚含羞草 *Mimosa bimucronata*	2
木薯 *Manihot esculenta*	2
白茅 *Imperata cylindrica*	2
水茄 *Solanum torvum*	1
散尾葵 *Chrysalidocarpus lutescens*	1
薏苡 *Coix lacryma-jobi*	1

注：受害程度的划分标准，1 为轻度受害（被薇甘菊覆盖＜20％，生长受到较小的影响）；2 为中度受害（被薇甘菊覆盖 20％ ～ 60％，生长受到较大的影响）；3 为重度受害（被薇甘菊覆盖＞60％，生长明显受阻或基本停止生长）。

五、文昌市 4 种外来入侵生物发生为害和扩散蔓延情况

文昌市调查外来入侵生物分布地涉及 13 个乡（镇）的 35 个点，2019 年（3 年前）与 2022 年（3 年后）监测结果显示，水葫芦分布由 12 个乡（镇）的 21 个点降为 11 个乡（镇）的 20 个点，薇甘菊分布点由 8 个乡（镇）的 15 个点增加至 11 个乡（镇）的 27 个点，空心莲子草分布由 5 个乡（镇）的 6 个点增至 7 个乡（镇）12 个，福寿螺分布由 2 个乡（镇）的 2 个点增至 13 个乡（镇）的 28 个（附表 1）。

1. 文昌市 4 种外来入侵生物发生情况

水葫芦的发生：2019 年，水葫芦在文昌市 13 个调查乡（镇）中的 12 个乡（镇）发生，仅潭牛镇未发现水葫芦为害，而在点片治理的情况下，2022 年水葫芦的发生乡（镇）较 2019 年减少 1 个（会文镇），分布点由 2019 年的 21 个（葫芦村葫芦洋、葫芦村龙泉乡园度假村旁河沟、华侨农场河沟、华侨农场四队池塘、蛟山村水利沟、排堆村河沟荒地、文教桥下方文教河、山头

村河沟 1 号、迈号村岷里山塘、大园村河流、睦敦村旅游公路旁、月亮湾河沟、田尾村 S206 省道旁河沟、公侯山 S206 省道旁河沟、下田村珠溪河、山富堆村河沟、南阳村河沟、白茅村河沟、珠溪水利桥下方珠溪河、士首村池塘、北边洋村河沟）减少至 20 个（葫芦村葫芦洋、葫芦村苗圃、葫芦村龙泉乡园度假村旁河沟、华侨农场河沟、排堆村河沟荒地、文教桥下方文教河、迈号村岷里山塘、大园村河流、睦敦村旅游公路旁、月亮湾河沟、田尾村 S206 省道旁河沟、公侯山 S206 省道旁河沟、下田村珠溪河、山富堆村河沟、南阳村河沟、白茅村河沟、珠溪水利桥下方珠溪河、士首村池塘、排港村排港田洋、北边洋村河沟），2019 年没有发生水葫芦为害的葫芦村苗圃和排港村排港田洋两个点在 2022 年发生中度和严重的水葫芦为害。华侨农场四队池塘、蛟山村水利沟、山头村河沟 1 号 3 个点经过治理已无水葫芦发生。

薇甘菊的发生：文昌市 2019 年有 8 个乡（镇）（东路镇、潭牛镇、华侨农场、会文镇、文城镇、翁田镇、冯坡镇、锦山镇）的 15 个点（葫芦村葫芦洋、葫芦村苗圃、大庙村荒地、华侨经济区门口居民房屋上、华侨农场四队池塘、山头村河沟旁、冠南村荒地、港尾村荒地、迈号村岷里山塘旁、大园村河流、大圆村荒地、山富堆村河沟、白茅村荒地、南排田村、排港村排港田洋）发生薇甘菊，2022 年范围扩大至 11 个乡（镇）（在 2019 年调查基础上增加了东阁镇、昌洒镇和罗豆农场）的 27 个点（35 个点中除了蛟山村水利沟、华侨农场河沟荒地、文教桥下方文教河、全美村河沟、睦敦村旅游公路旁、月亮湾河沟、田尾村 S206 省道旁河沟、白茅村河沟 8 个点外的所有点）发生薇甘菊，分布频率由 2019 年的 0.43 发展为 0.77（附表 2）。

空心莲子草的发生：文昌市空心莲子草的扩散速度相对较快，发生范围显著扩大，2019 年有 5 个乡（镇）（东路镇、会文镇、龙楼镇、翁田镇、冯坡镇）的 6 个点（葫芦村葫芦洋、山头村河沟1号、山头村河沟2号、全美村河沟、山富堆村河沟、白茅村河沟）发生，2022年有7个乡（镇）（东路镇、文教镇、文城镇、昌洒镇、翁田镇、冯坡镇、锦山镇）的12个点（葫芦村葫芦洋、葫芦村苗圃、葫芦村龙泉乡园度假村旁河沟、文教桥下方文教河、迈号村岷里山塘、大园村河流、月亮湾河沟、田尾村S206省道旁河沟、山富堆村河沟、白茅村河沟、珠溪水利桥下方珠溪河、排港村排港田洋），分布频率由0.17增加至0.34（附表2）。

福寿螺的发生：文昌市福寿螺的发生则由2019年的2个乡（镇）（东路镇、文城镇）的2个点（高良坡村田洋和迈号村岷里山塘旁）发展为13个乡（镇）（东路镇、潭牛镇、华侨农场、东阁镇、文教镇、会文镇、文城镇、龙楼镇、昌洒镇、翁田镇、冯坡镇、锦山镇、罗豆农场）的28个点（35个点中，仅华侨经济区门口居民房屋上、蛟山村水利沟、冠南村荒地、迈号村岷里山塘、大园村河流、大圆村荒地和公侯山S206省道旁河沟7个点没有发生福寿螺为害）。因福寿螺自身的活动、繁殖速度快以及可随水流传播扩散等因素造成蔓延扩散速度相对较快。

文昌市2019年未同时发现4种外来入侵物种的6个点（葫芦村葫芦洋、葫芦村苗圃、葫芦村龙泉乡园度假村旁河沟、山富堆村河沟、珠溪水利桥下方珠溪河、排港村排港田洋），到2022年均发现4个物种同时存在，且发生较重，这些点所在地域应该作为今后主要治理的区域。

2. 文昌市4种外来入侵生物发生生境的变化

与2019年相比，2022年，文昌市水葫芦的发生生境增加了林地，发生比率在池塘和湖泊及河流均有降低，在道路旁、荒地和田洋无变化，这可能与治理主要集中在池塘和湖泊及河流有关（图2-18）。

文昌市薇甘菊的发生生境包括池塘和湖泊、道路旁、河流、

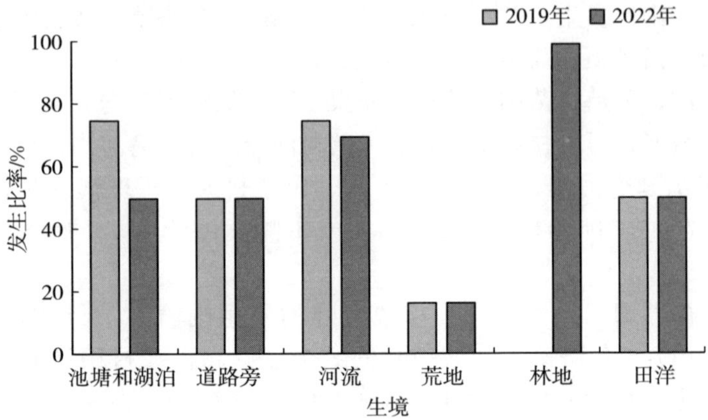

图 2-18 水葫芦在文昌市不同生境的分布

荒地、林地及田洋，其中 2019 年与 2022 年林地的发生比率均最多。2019 年，林地和荒地的发生比率高；2022 年，荒地、田洋、池塘和湖泊、河流的发生比率都显著增加（图 2-19）。

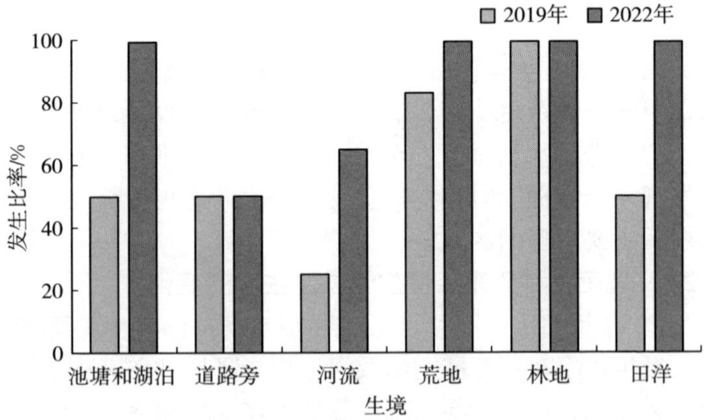

图 2-19 薇甘菊在文昌市不同生境的分布

2022 年文昌市空心莲子草的发生生境从 2019 年的田洋和河流发展到池塘和湖泊、林地、田洋、河流，尤其是林地的发生比率显著增加（图 2-20）。

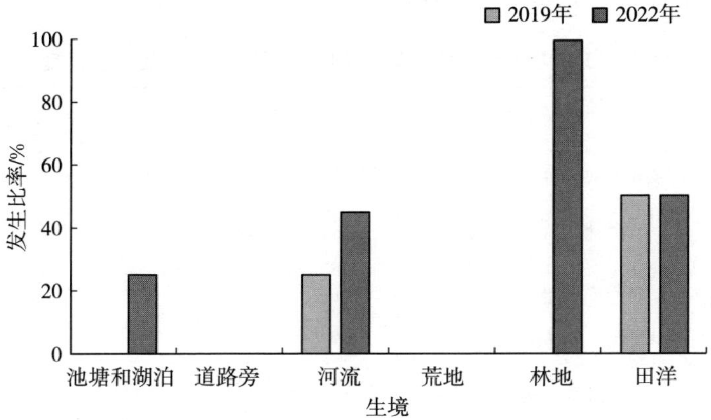

图 2-20　空心莲子草在文昌市不同生境的分布

2019—2022 年，文昌市福寿螺的发生生境发生极大变化，已从田洋、池塘和湖泊发展到河流、荒地、林地、道路旁、田洋、池塘和湖泊（图 2-21）。

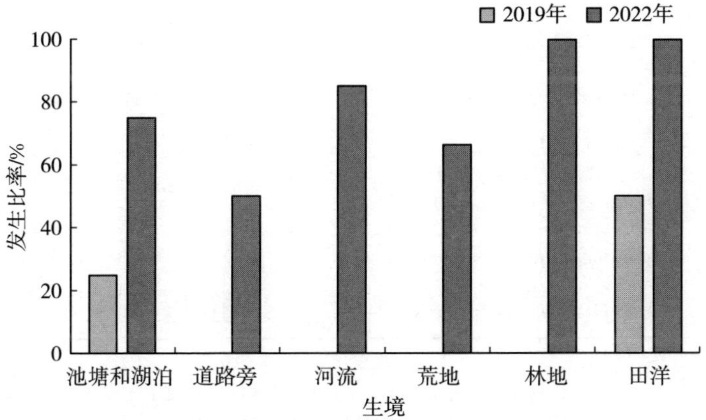

图 2-21　福寿螺在文昌市不同生境的分布

3. 文昌市薇甘菊附生植物种类

文昌市薇甘菊的附生植物主要为露兜树、对叶榕、椰子、香蕉、海芋、印楝、光荚含羞草、竹、蓖麻、番木瓜、桉树、木薯、木麻黄、三角梅、朱槿等（表 2－13）。

表 2－13　文昌市受薇甘菊为害的主要植物种类及受害程度

植物种类	受害程度
露兜树 *Pandanus tectorius*	3
对叶榕 *Ficus hispida*	3
椰子 *Cocos nucifera*	2
香蕉 *Musa paradisiaca*	2
海芋 *Alocasia aclora*	2
印楝 *Azadirachta indica*	2
光荚含羞草 *Mimosa bimucronata*	2
竹 *Bambusa* spp.	2
蓖麻 *Ricinus communis*	1
番木瓜 *Carica papaya*	1
桉树 *Eucalyptus* spp.	1
木薯 *Manihot esculenta*	1
木麻黄 *Casuarina equisetifolia*	1
三角梅 *Bougainvillea spectabilis*	1
朱槿 *Hibiscus rosa-sinensis*	1

注：受害程度的划分标准，1 为轻度受害（被薇甘菊覆盖<20%，生长受到较小的影响）；2 为中度受害（被薇甘菊覆盖 20% ～ 60%，生长受到较大的影响）；3 为重度受害（被薇甘菊覆盖>60%，生长明显受阻或基本停止生长）。

六、琼海市4种外来入侵生物发生为害和扩散蔓延情况

琼海市调查外来入侵生物分布地涉及10个乡（镇）的41个点，2017年（3年前）与2020年（3年后）监测结果显示，水葫芦分布的乡（镇）数由8个增加为9个，分布点数未变，仍为15个；薇甘菊分布由6个乡（镇）的8个点变化至5个乡（镇）的9个点；空心莲子草分布由9个乡（镇）的16个点降至4个乡（镇）的10个点；福寿螺分布由8个乡（镇）的12个点降至6个乡（镇）的8个点。2017年，福寿螺在石壁镇和嘉积镇均有轻度分布点，2020年无发生，长坡镇1个点2017年严重发生，2020年已无发生（附表1）。

1. 琼海市4种外来入侵生物发生情况

水葫芦的发生：2017年，水葫芦在琼海市的10个调查乡（镇）中有8个乡（镇）（大路镇、万泉镇、龙江镇、石壁镇、阳江镇、嘉积镇、塔洋镇和长坡镇）有不同程度发生，2020年，水葫芦分布的乡（镇）数增加为9个（大路镇、万泉镇、龙江镇、阳江镇、中原镇、嘉积镇、塔洋镇、潭门镇、长坡镇），分布点数未变，仍为15个点（2017年为大路村、文曲河、夏坡河、溪口洋、加任村、石龙村池塘、老街、荔枝山路边、石壁洋、蓬龙沟、勇敢桥双溪沟、鱼良上坡村七星伴月湖、旧屯洋、昌芽村、金钱水库下游；2020年为龙吐水库、下沟水库、文曲河、夏坡河、溪口洋、溪口村、南汉村、石龙村池塘、土尾村、虎塘水库、勇敢桥双溪沟、鱼良上坡村七星伴月湖、北埇村排溪、金钱水库下游、金钱水库）。2017年3个点都中度发生的石壁镇，2020年经治理，这3个点已不见水葫芦发生；原本无水葫芦发生的中原镇和潭门镇，2020年却在中原镇虎塘水库和潭门镇北埇村排溪均发生了严重的水葫芦为害。发生程度总体来看，琼海市2020年轻度和中度程度水

葫芦分布频率均下降（轻度从2017年的0.08下降至2020年的0.05，中度从2017年的0.22下降至2020年的0.10），然而，严重发生的分布频率却显著升高，从2017年的0.11上升至2020年的0.22（附表2）。

薇甘菊的发生：2017年，薇甘菊在琼海市10个调查乡（镇）中6个乡（镇）（大路镇、石壁镇、中原镇、塔洋镇、潭门镇、长坡镇）的8个点（下沟水库、老街、仙村小溪、卫生院预防接种门诊旁、高郎村路边、下昌村、旧屯洋、旧屯洋公路旁）有不同程度分布，2020年，薇甘菊分布乡（镇）数降为5个（万泉镇、龙江镇、阳江镇、塔洋镇、潭门镇），分布点数增加为9个（石塘村路边、官塘村房前屋后、加任村、吴村路旁、金盘村、井头墩、卫生院预防接种门诊旁、高郎村路边、下昌村）。2017年严重发生的大路镇、中度发生的石壁镇、轻度发生的中原镇及轻度、中度发生的长坡镇，到2020年时均未调查到薇甘菊的发生；而2017年无薇甘菊发生的万泉镇、龙江镇、阳江镇则在2020年发现薇甘菊中度至严重发生。嘉积镇则从2017年无薇甘菊发生的状态继续保持至2020年。从发生程度总体来看，轻度发生的分布频率下降（从2017年的0.11下降至2020年的0），而中度和严重发生的分布频率却均升高（其中中度发生的分布频率从2017年的0.08上升至2020年的0.12，严重发生的分布频率则从2017年的0.03上升至2020年的0.10（附表2）。

空心莲子草的发生：2017年空心莲子草在琼海市10个调查乡（镇）中9个乡（镇）（大路镇、万泉镇、龙江镇、石壁镇、阳江镇、嘉积镇、塔洋镇、潭门镇、长坡镇）的16个点（龙吐水库、文曲河、石龙洋、石龙村池塘、老街、上科村田洋、吴村路旁、勇敢桥双溪沟、礼陶村三排岭田洋、金鸡村委会龙阁村田洋、北埇村排溪、下昌村、旧屯洋、旧屯洋公路旁、昌芽村、金钱水库下游）有不同程度分布，2020年，空心莲子草分布乡

（镇）数降为 4 个（万泉镇、阳江镇、塔洋镇、长坡镇），分布点数降为 10 个（文曲河、夏坡河、溪口洋、溪口村、南汉村、蓬龙沟、茅株村、礼陶村三排岭田洋、旧屯洋、金钱水库下游）。2017 年轻度发生的大路镇、龙江镇、石壁镇、嘉积镇、潭门镇在 2020 年均未调查到空心莲子草的发生；中原镇则从 2017 年未发生空心莲子草的状态继续保持至 2020 年。发生程度总体为轻度发生，2017 年和 2020 年均无中度和严重发生的乡（镇）和调查点出现，同时轻度发生的分布频率从 2017 年的 0.43%下降至 2020 年的 0.24（附表 2）。

福寿螺的发生：2017 年，福寿螺在琼海市 10 个调查乡（镇）中 8 个乡（镇）（大路镇、万泉镇、龙江镇、石壁镇、阳江镇、嘉积镇、潭门镇、长坡镇）的 12 个点（石桥村、大路村、溪口洋、石龙洋、老街、上科村田洋、吴村路旁、桥目小桥、茅株村、勇敢桥双溪沟、金鸡村委会龙阁村田洋、金钱水库）有不同程度分布，2020 年，福寿螺分布乡（镇）数降为 6 个（大路镇、万泉镇、龙江镇、阳江镇、塔洋镇、潭门镇），分布点数降为 8 个（大路田洋、溪口洋、石龙洋、蓬龙沟、茅株村、鱼良上坡村七星伴月湖、礼陶村三排岭田洋、金鸡村委会龙阁村田洋）。2017 年严重发生的长坡镇及轻度发生的石壁镇、嘉积镇在 2020 年均未调查到福寿螺的发生；2017 年无福寿螺发生的塔洋镇却在 2020 年发生中度福寿螺为害。中原镇则从 2017 年未发生福寿螺的状态继续保持至 2020 年。发生程度上，轻度发生的分布频率下降（从 2017 年的 0.16 下降至 2020 年的 0），中度发生的分布频率从 2017 年 0.14 下降至 2020 年的 0.12，严重发生的分布频率则稍有上升，从 2017 年的 0.03 上升至 2020 年的 0.07（附表 2）。

2. 琼海市 4 种外来入侵生物发生生境的变化

琼海市水葫芦的发生生境在 2017—2020 年有所变化，2017 年发生生境种类较多，2020 年则主要集中在河流、池塘和湖泊、水库及田洋，尤其是水葫芦在水库的发生比率显著升高（图 2－22）。

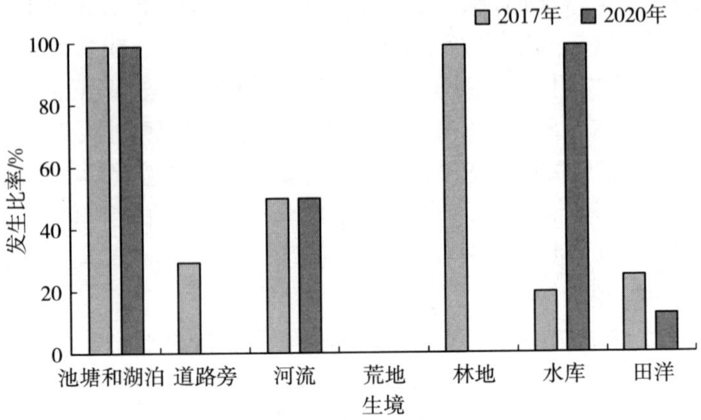

图 2－22　水葫芦在琼海市不同生境的分布

2017 年，琼海市薇甘菊的发生生境主要为道路旁、河流、水库和田洋，2020 年则主要集中在荒地和道路旁，其中荒地在 2017 年没有发现为害，2020 年发生比率显著升高（图 2－23）。

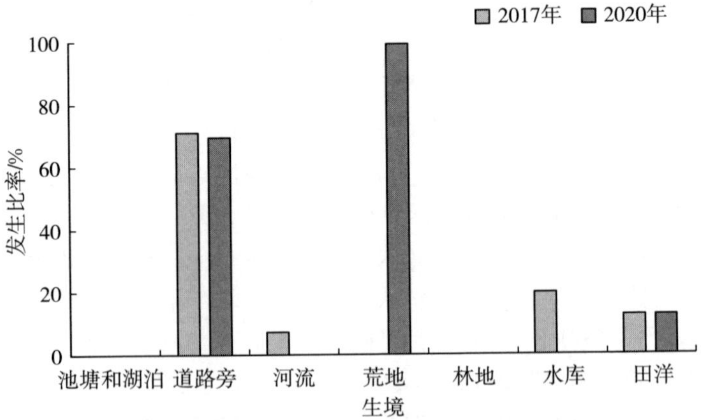

图 2－23　薇甘菊在琼海市不同生境的分布

2017 年，琼海市空心莲子草的发生生境主要为池塘和湖泊、道路旁、田洋、水库及河流，2020 年主要集中发生在河流、田洋及水库，除河流的发生比率升高外，其他生境的发生比率均呈现下降趋势（图 2－24）。

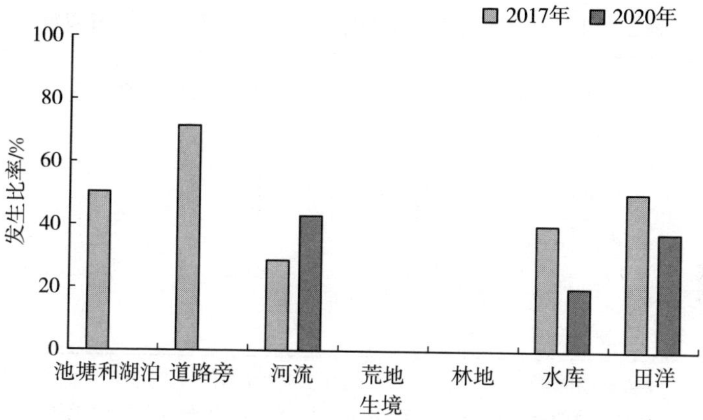

图 2－24　空心莲子草在琼海市不同生境的分布

2017 年，琼海市福寿螺的发生生境主要为林地、田洋、河流、道路旁及水库，2020 年主要集中发生在池塘和湖泊、河流及田洋，其中 2017 年未发生福寿螺的池塘和湖泊则在 2020 年发生比率达 50％（图 2－25）。

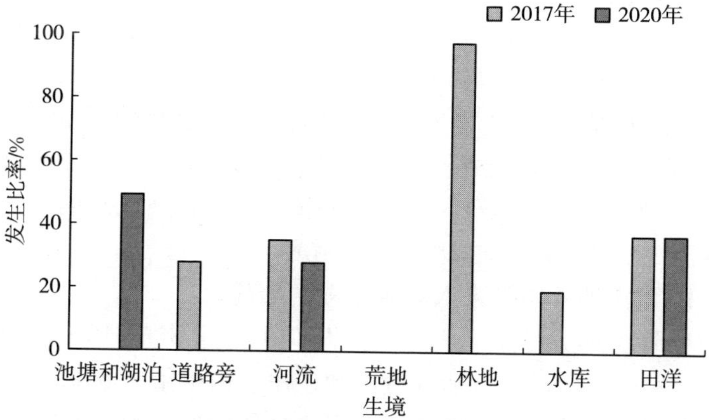

图 2－25　福寿螺在琼海市不同生境的分布

3. 琼海市薇甘菊附生植物种类

琼海市薇甘菊的附生植物主要为槟榔、椰子和紫檀等（表 2-14）。

表 2-14 琼海市受薇甘菊为害的主要植物种类及受害程度

植物种类	受害程度
槟榔 *Areca catechu*	2
椰子 *Cocos nucifera*	2
紫檀 *Pterocarpus indicus*	2
桉 *Eucalyptus* spp.	1
番木瓜 *Carica papaya*	1

注：受害程度的划分标准，1 为轻度受害（被薇甘菊覆盖<20%，生长受到较小的影响）；2 为中度受害（被薇甘菊覆盖 20% ～ 60%，生长受到较大的影响）；3 为重度受害（被薇甘菊覆盖>60%，生长明显受阻或基本停止生长）。

七、万宁市 4 种外来入侵生物发生为害和扩散蔓延情况

万宁市调查外来入浸生物分布地涉及 10 个乡（镇）的 34 个点，2019 年（3 年前）与 2022 年（3 年后）的监测结果显示，水葫芦分布由 9 个乡（镇）的 23 个点增加至 9 个乡（镇）的 24 个点，薇甘菊分布由 3 个点乡（镇）的 3 个点降低至 1 个乡（镇）的 1 个点，空心莲子草分布由 8 个乡（镇）的 13 个点降至 4 个乡（镇）的 5 个点，福寿螺分布由 7 个乡（镇）的 10 个点增加至 9 个乡（镇）的 18 个点（附表 1）。

1. 万宁市 4 种外来入侵生物发生情况

水葫芦的发生：2019 年水葫芦在万宁市的 10 个调查乡（镇）中 9 个乡（镇）（后安镇、和乐镇、山根镇、龙滚镇、万城镇、东澳镇、礼纪镇、长丰镇、兴隆华侨农场）均有发生，2022

年水葫芦的发生乡（镇）较2019年无增加和减少（后安镇、和乐镇、山根镇、龙滚镇、万城镇、东澳镇、礼纪镇、长丰镇、兴隆华桥农场），分布点由2019年的23个（后安桥、白石村河沟、琉川村河流、和乐桥下方河流、泗水村池塘、勤赛村河流、溪狗桥下方溪古河、官栈河、龙滚大桥下方河流、端熙村龙滚河旁农田、永范村东山中桥下方河流、永范村后塘田洋池塘、新庄村东山河、北坡村委会岭东桥、集庄村委会朝阳村田洋、椰香饭店旁农田、太阳河池塘、集丰村太阳河、宾王村池塘、三星村田洋、牛漏村太阳河、北京村旁牛枥桥下方太阳河、二十三队不知名桥下方池塘）增加至2022年的24个（吴村农田旁、白石村河沟、琉川村河流、和乐桥下方河流、泗水村池塘、勤赛村河流、溪狗桥下方溪古河、官栈河、山根镇政府旁田洋、龙滚大桥下方河流、端熙村龙滚河旁农田、永范村东山中桥下方河流、永范村后塘田洋池塘、新庄村东山河、北坡村委会岭东桥、集庄村委会朝阳村田洋、太阳河池塘、集丰村太阳河、宾王村池塘、三星村田洋、莲花村河沟、黄加村田洋、牛漏村太阳河、二十三队不知名桥下方池塘）。2019年没有发生水葫芦为害的后安镇吴村农田旁、山根镇政府旁田洋、礼纪镇莲花村河沟、长丰镇的黄加村田洋4个点，在2022年发生轻度到严重程度的水葫芦为害。后安镇后安桥、兴隆华侨农场北京村旁牛枥桥下方太阳河、万城镇椰香饭店旁农田3个点在2019年是水葫芦轻度发生点，经过治理，2022年已无发生。

薇甘菊的发生：万宁市2019年有3个乡（镇）（后安镇、龙滚镇和万城镇）的3个点（后安桥、镇上宝龙旅租斜对面、新庄村东山河）发生薇甘菊，2022年范围缩小至1个乡（镇）（万城镇）的1个点（新庄村东山河），分布频率由2019年的0.09降低为0.03（附表2）。

空心莲子草的发生：万宁市空心莲子草的发生范围显著变小，由2019年的8个乡（镇）（大茂镇、后安镇、和乐镇、龙滚镇、万城镇、礼记镇、长丰镇、兴隆华侨农场）13 个点（太子墓村旁河沟、后安桥、泗水村池塘、溪狗桥下方溪古河、熊仔村西坡桥下方农田、文澜村坡尾洋、永范村后塘田洋池塘、塘仔村南门洋、新庄村东山河、莲花村河沟、福田村五雷洋、黄加村田洋、二十三队不知名桥下方池塘）发生，到 2022 年降至仅 4 个乡（镇、场）（和乐镇、山根镇、龙滚镇、兴隆华侨农场）的 5 个点（溪狗桥下方溪古河、官栈河、文澜村坡尾洋、北京村旁牛枥桥下方太阳河、二十三队不知名桥下方池塘），分布频率由 0.38 下降至 0.15（附表 2）。

福寿螺的发生：万宁市福寿螺的发生在 2019 年有 7 个乡（镇）（大茂镇、后安镇、山根镇、龙滚镇、万城镇、东澳镇、长丰镇）的 10 个点（太子墓村旁河沟、吴村农田旁、山根镇政府旁田洋、熊仔村西坡桥下方农田、端熙村龙滚河旁农田、永范村后塘田洋池塘、塘仔村南门洋、境门村境门桥下方河沟、福田村五雷洋、黄加村田洋），到 2022 年增加至 9 个乡（镇）（大茂镇、后安镇、和乐镇、山根镇、龙滚镇、万城镇、东澳镇、长丰镇、兴隆华侨农场）的 18 个点（太子墓村旁河沟、吴村农田旁、琉川村河流、勤赛村河流、溪狗桥下方溪古河、山根镇政府旁田洋、熊仔村西坡桥下方农田、文澜村坡尾洋、端熙村龙滚河旁农田、永范村东山中桥下方河流、永范村后塘田洋池塘、塘仔村南门洋、北坡村委会岭东桥、集庄村委会朝阳村田洋、宾王村池塘、境门村境门桥下方河沟、福田村五雷洋、北京村旁牛枥桥下方太阳河）。因福寿螺自身的活动、繁殖速度快并可随水流传播扩散等原因造成其蔓延扩散速度相对较快。

万宁市 10 个乡（镇）的 34 个点，在 2019 年没有一个是 4 种外来入侵物种均未发生的点，但 2022 年有 3 个点（后安桥、镇上宝龙旅租斜对面、椰香饭店旁农田）是 4 种外来入侵物种均未发生的点。后安桥、椰香饭店旁农田在 2019 年被发现有水葫芦轻度为害，2022 年时经过治理已无分布。

2. 万宁市 4 种外来入侵生物发生生境的变化

万宁市水葫芦的发生生境在 2019—2022 年未变，仍为田洋、河流、池塘和湖泊，但水葫芦的发生比率在河流增加，在田洋降低，在池塘和湖泊无变化（图 2-26）。

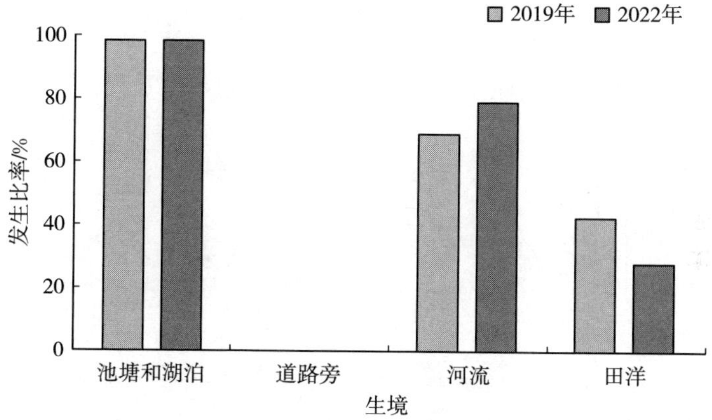

图 2-26　水葫芦在万宁市不同生境的分布

2019 年，万宁市薇甘菊的发生生境主要为河流和道路旁，2022 年仅在河流发生，道路旁未见发生为害（图 2-27）。

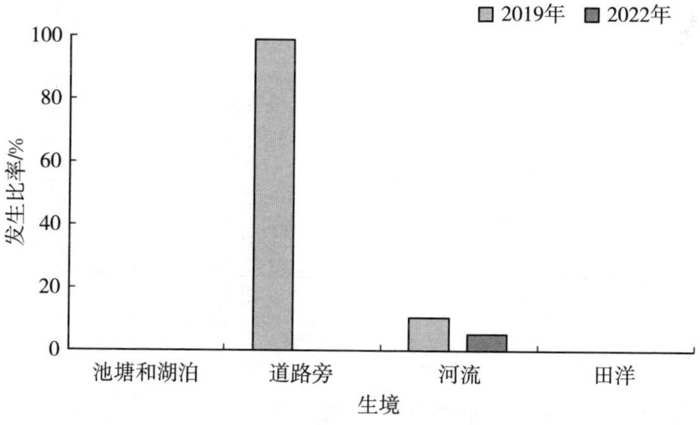

图 2-27　薇甘菊在万宁市不同生境的分布

2019 年，万宁市空心莲子草的发生生境主要为田洋、河流、池塘和湖泊，2022 年生境类型未发生变化，发生的比率均降低（图 2－28）。

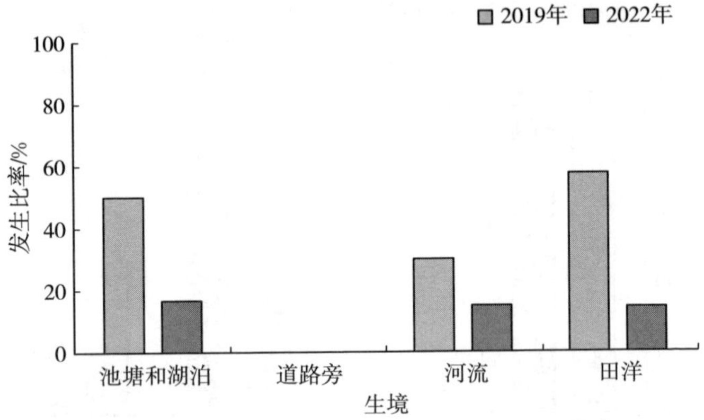

图 2－28　空心莲子草在万宁市不同生境的分布

万宁市福寿螺的发生生境在 2019—2022 年未发生变化，为田洋、河流、池塘和湖泊，但发生比率均增加（图 2－29）。

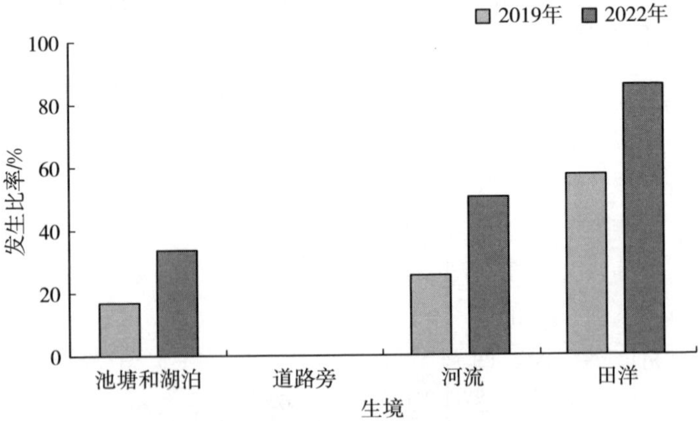

图 2－29　福寿螺在万宁市不同生境的分布

3. 万宁市薇甘菊附生植物种类

万宁市薇甘菊的附生植物主要为椰子、水茄、白茅（表 2－15）。

表 2-15 万宁市受薇甘菊为害的主要植物种类及受害程度

植物种类	受害程度
椰子 *Cocos nucifera*	3
水茄 *Solanum torvum*	1
白茅 *Imperata cylindrica*	1

注：受害程度的划分标准，1 为轻度受害（被薇甘菊覆盖<20%，生长受到较小的影响）；2 为中度受害（被薇甘菊覆盖 20% ～ 60%，生长受到较大的影响）；3 为重度受害（被薇甘菊覆盖>60%，生长明显受阻或基本停止生长）。

八、东方市 4 种外来入侵生物发生为害和扩散蔓延情况

东方市位于海南省的西部，调查外来入浸生物分布地涉及 7 个乡（镇）的 27 个点，2018 年（3 年前）与 2021 年（3 年后）的数据显示，水葫芦分布由 2 个乡（镇）的 6 个点增加至 4 个乡（镇）的 7 个点，薇甘菊分布由 1 个乡（镇）的 2 个点增加至 2 个乡（镇）的 3 个点，空心莲子草分布由 2 个乡（镇）的 2 个点变化为 1 个乡（镇）的 4 个点，福寿螺分布由 5 个乡（镇）的 5 个点增加至 6 个乡（镇）的 15 个点（附表 1）。

1. 东方市 4 种外来入侵生物发生情况

水葫芦的发生：东方市水葫芦由 2018 年的 2 个乡（镇）（八所镇和感城镇）6 个点（罗带村罗带桥下河流、华海路、罗带村典浪桥下方河流、红兴村高坡岭水库、西湖、感城镇第二小学的感恩桥下小河流）扩散至 2021 年 4 个乡（镇）（八所镇、感城镇、大田镇和东河镇）的 7 个点（那益桥、罗带村典浪桥下方河流、红兴村高坡岭水库、西湖、感城镇第二小学的感恩桥下小河流、上红兴村、东河桥）。罗带田洋因水塘改造而变为水稻、玉米和瓜菜地，水葫芦因此消失；罗带村罗带桥下河流则因打捞治理，水葫芦因此消失；西湖经打捞治理，已由 2018 年的严重发生降为 2021 年的轻度发生，需不断监测预防水葫芦卷土重来，而红兴村

高坡岭水库则由2018年的轻度发生演变为2021年的严重发生。

薇甘菊的发生：2018年有1个乡（镇）（八所镇）的2个点（月村公路旁、往海口方向高速路服务区）发现薇甘菊；2021年增加至2个乡（镇）（八所镇和大田镇）3个点（那益桥、往海口方向高速路服务区、G98环线高速），发生程度则变化不大，为轻度与中度。

空心莲子草的发生：空心莲子草在东方市的扩散速度相对较慢，在2018年调查到有分布的2个乡（镇）（八所镇、感城镇）各1个点（罗带田洋、海洋坡田洋）的基础上，变化为2021年1个乡（镇）（八所镇）的4个点（那益桥、罗带村罗带桥下河流、罗带田洋、罗带村典浪桥下方河流），但发生程度则由轻度演变为轻度与中度。

福寿螺的发生：福寿螺的分布由2018年的5个乡（镇）（八所镇、感城镇，板桥镇、大田镇、江边乡）增加至2021年的6个（在2018年基础上新增东河镇），分布点则从5个（罗带田洋、海洋坡田洋、本廉村本廉田洋、大田万亩田洋、江边村）增加至15个（那益桥、罗带村罗带桥下河流、罗带田洋、罗带村典浪桥下方河流、红兴村高坡岭水库、西湖、感城镇一号基地田洋、海洋坡田洋、本廉村、本廉村本廉田洋、东方市国营广坝农场314省道、大田万亩田洋、314省道新街、东河桥、江边村），分布频率由0.20发展为0.56，发生程度由轻度、严重演变为较重、严重、极重。

东方市4种外来入侵物种均存在的点由0个增加至1个（八所镇的那益桥）；4种外来入侵物种均未发生的点从12个（那益桥、扁豆坡、帮沟桥、感恩河、感城镇一号基地田洋、加富村、本廉村、板桥高速路口、东方市国营广坝农场314省道、G98环线高速、上红兴村、314省道新街、东河桥、玉龙山观景台）降至8个（华海路、月村公路旁、扁豆坡、帮沟桥、感恩河、加富村、板桥高速路口、玉龙山观景台）（附表1、附表2）。

2. 东方市 4 种外来入侵生物发生生境的变化

与 2018 年相比，2021 年，东方市水葫芦的发生生境增加了林地，水葫芦在池塘和湖泊、道路旁、田洋的发生比率无变化，在河流的发生比率有所下降（图 2－30）。

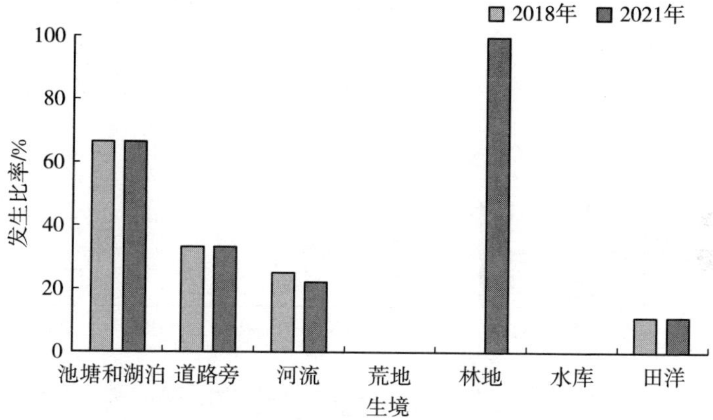

图 2－30　水葫芦在东方市不同生境的分布

与 2018 年相比，2021 年，东方市薇甘菊的发生生境增加了河流的分布，道路旁已无发生，水库的发生率无变化（图 2－31）。

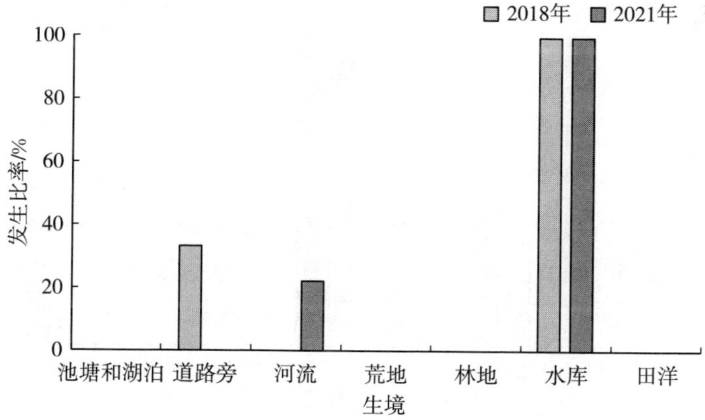

图 2－31　薇甘菊在东方市不同生境的分布

与2018年相比，2021年东方市空心莲子草的发生生境从池塘和湖泊、田洋逐渐发展为道路旁、河流、池塘和湖泊，田洋已无发生（图2-32）。

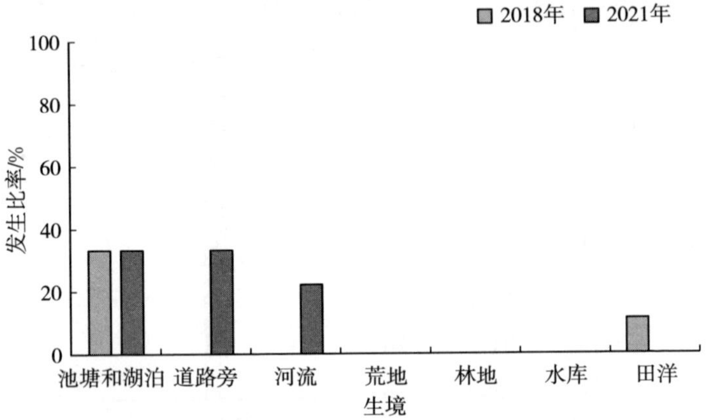

图2-32　空心莲子草在东方市不同生境的分布

与2018年相比，2021年，东方市福寿螺的发生生境仍为荒地、池塘和湖泊、道路旁、河流及田洋（主要为水稻田），但发生比率显著增加（荒地除外）（图2-33）。

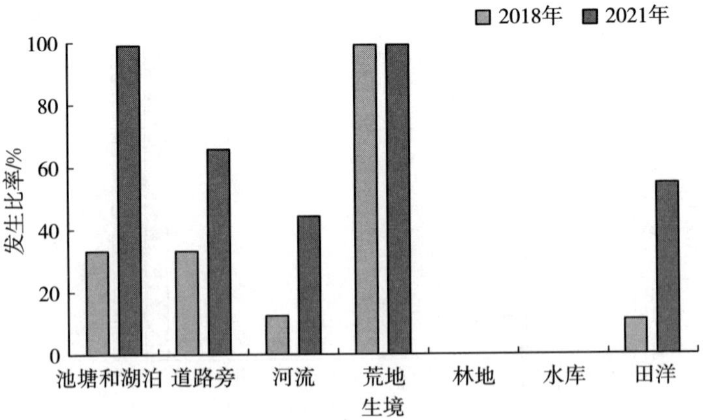

图2-33　福寿螺在东方市不同生境的分布

3. 东方市薇甘菊附生植物种类

东方市薇甘菊的附生植物主要为桉（表 2－16）。

表 2－16　东方市受薇甘菊为害的主要植物种类及受害程度表

植物种类	受害程度
桉 *Eucalyptus* spp.	1

九、临高县 4 种外来入侵生物发生为害和扩散蔓延情况

临高县调查外来入侵生物分布地涉及 8 个乡（镇）的 29 个点，2019 年（3 年前）与 2022 年（3 年后）的监测结果显示，水葫芦分布由 5 个乡（镇）的 9 个点降为 5 个乡（镇）的 7 个点，薇甘菊分布由 7 个乡（镇）的 18 个点增加至 8 个乡（镇）的 28 个点，空心莲子草分布由 1 个乡（镇）的 1 个点增加至 2 个乡（镇）的 7 个点，福寿螺分布由 5 个乡（镇）的 6 个点增加至 8 个乡（镇）的 18 个点（附表 1）。

1. 临高县 4 种外来入侵生物发生情况

水葫芦的发生：临高县 2019 年水葫芦在 8 个调查乡（镇）中的 5 个乡（镇）（临城镇、加来镇、南宝镇、皇桐镇、博厚镇）均有分布，在点片治理的情况下，2022 年水葫芦的分布乡（镇）较 2019 年未发生变化，分布点由 2019 年的 9 个点（昆尼村城东洋、金龙村城东洋、学田村农田、镇上文澜江、兰堂村兰堂江、龙盛村池塘、松梅村兰文水库旁农田、金波村农田旁河流、昆珍村）减少至 7 个（学田村农田、镇上文澜江、兰堂村兰堂江、龙盛村池塘、松梅村兰文水库旁农田、金波村农田旁河流、昆珍村），2019 年发生严重的昆尼村城东洋、金龙村城东洋 2 个点经过治理已无水葫芦发生。

薇甘菊的发生：临高县 2019 年有 7 个乡（镇）（临城镇、加

来镇、南宝镇、和舍镇、皇桐镇、多文镇、博厚镇）的 18 个点（昆尼村城东洋、杨梅村荒地、加来桥旁、和东村农田、和东村荒地、镇上加来洋、文士村、宝来桥、松梅村、松明村南宝洋、雅训村、铺仔村、群顶村跃进水库边上、龙波墟 1 号、龙波墟 2 号、谭楼村、头神村空心菜基地、昆珍村）发生薇甘菊，2022 年范围扩大至调查到的所有 8 个乡（镇）的 28 个点（29 个点中，除了南宝镇的松梅村兰文水库旁农田）发生薇甘菊，分布频率由 2019 年的 0.62 发展为 0.97（附表 2）。

空心莲子草的发生：临高县空心莲子草的扩散速度相对较快，发生范围显著扩大，2019 年有 1 个乡（镇）（临城镇）的 1 个点（昆尼村城东洋）发生，2022 年有 2 个乡（镇）（临城镇、多文镇）的 7 个点（昆尼村城东洋、城东洋、金龙村城东洋、学田村农田、镇上文澜江、兰堂村兰堂江、头神村空心菜基地）发生。分布频率由 0.03 增加至 0.24（附表 2）。

福寿螺的发生：临高县福寿螺的发生则由 2019 年 5 个乡（镇）（临城镇、加来镇、南宝镇、和舍镇、调楼镇）的 6 个点（城东洋、山风村加来洋、镇上加来洋、松明村南宝洋、美丰村田洋、拔色村田洋）增加至 2022 年 8 个乡（镇）（临城镇、加来镇、南宝镇、和舍镇、皇桐镇、多文镇、博厚镇、调楼镇）的 18 个点（昆尼村城东洋、城东洋、金龙村城东洋、学田村农田、镇上文澜江、兰堂村兰堂江、和东村农田、山风村加来洋、镇上加来洋、龙盛村池塘、宝来桥、松明村南宝洋、美丰村田洋、龙波墟 1 号、金波村农田旁河流、头神村空心菜基地、昆珍村、拔色村田洋）。福寿螺因自身的活动、繁殖速度快，可随水流传播扩散等因素造成其蔓延扩散速度相对较快。

临高县 2019 年没有 4 种外来入侵物种均有发生的点，但 2022 年有 3 个点（学田村农田、镇上文澜江、兰堂村兰堂江）为 4 种外来入侵物种均有发生的点，且发生程度总体较重，这些点所在区域应得到重点治理。

2. 临高县 4 种外来入侵生物发生生境的变化

临高县水葫芦的发生生境主要为田洋、河流、池塘和湖泊，2019—2022 年生境类型未发生变化，在田洋的发生比率有所下降，而河流、池塘和湖泊的发生比率无显著变化（图 2－34）。

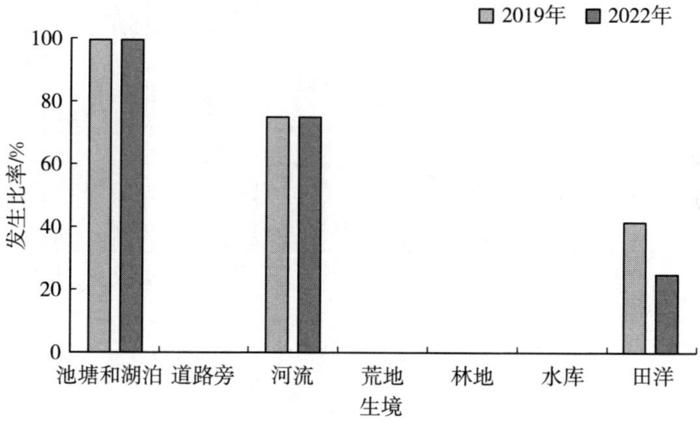

图 2－34　水葫芦在临高县不同生境的分布

临高县薇甘菊的发生生境包括田洋、河流、道路旁、水库、池塘和湖泊、林地、荒地，其中，池塘和湖泊为 2022 年新增生境。2019 年发生比率相对较低的田洋和河流，2022 年的发生比率分别达到 92％和 100％。其他生境的发生比率在 2022 年均达 100％（图 2－35）。

临高县空心莲子草的发生范围从 2019 年的田洋（小范围发现）发展到 2022 年的河流和田洋，2022 年，空心莲子草在田洋的发生比率显著升高，在河流的发生比率为 50％（图 2－36）。

2019 年临高县仅在田洋、荒地有福寿螺的发生，2022 年，田洋、河流、道路旁、池塘和湖泊、荒地均发现福寿螺的为害，且在池塘和湖泊的发生比率最高。福寿螺在田洋和荒地的发生比率均较2019年显著升高（图2-37）。

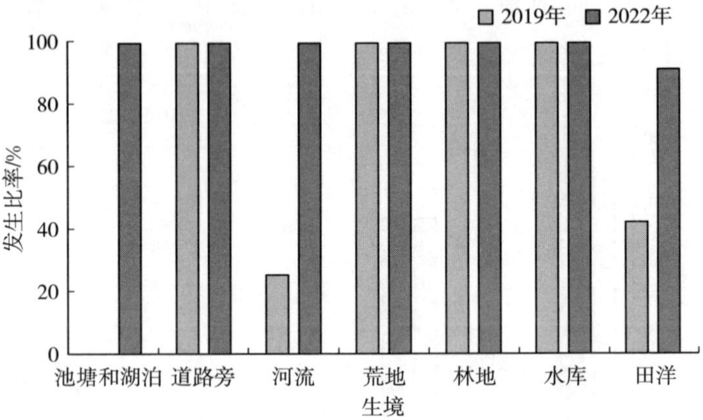

图2-35　薇甘菊在临高县不同生境的分布

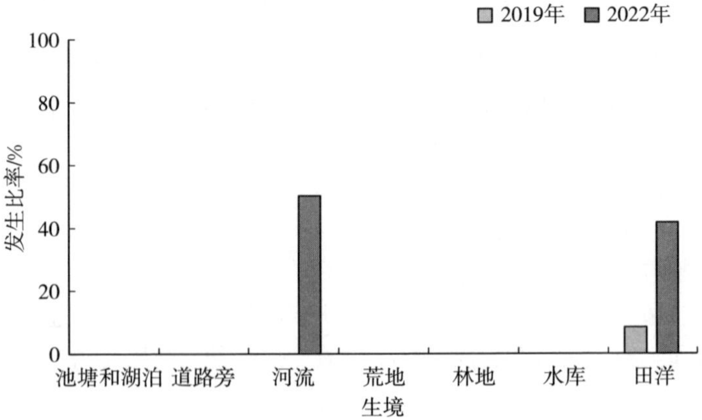

图2-36　空心莲子草在临高县不同生境的分布

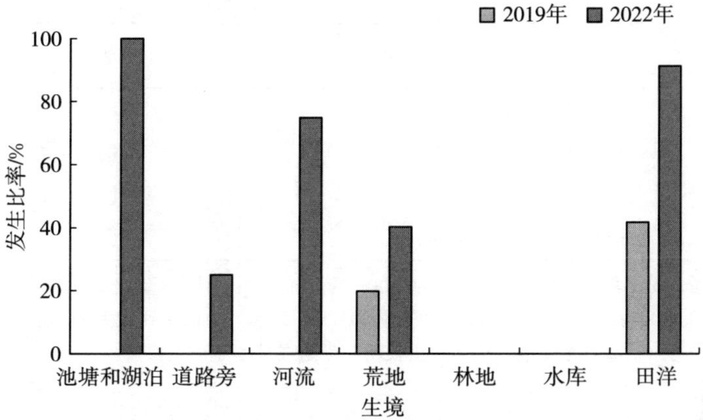

图 2-37 福寿螺在临高县不同生境的分布

3. 临高县薇甘菊附生植物种类

临高县薇甘菊的附生植物主要为露兜树、对叶榕、海芋、芋、白茅、印楝、光荚含羞草、紫檀、白楸、黄金树、番木瓜、闭鞘姜、木薯、水茄（表 2-17）。

表 2-17 临高县受薇甘菊为害的主要植物种类及受害程度

植物种类	受害程度
露兜树 *Pandanus tectorius*	3
对叶榕 *Ficus hispida*	3
海芋 *Alocasia oclora*	2
芋 *Colcasia esculenta*	2
白茅 *Imperata cylindrica*	2
印楝 *Azadirachta indica*	2
光荚含羞草 *Mimosa bimucronata*	2
紫檀 *Pterocarpus indicus*	2
白楸 *Mallotus paniculatus*	2
黄金树 *Catalpa speciosa*	1

（续）

植物种类	受害程度
番木瓜 *Carica papaya*	1
闭鞘姜 *Costus speciosus*	1
木薯 *Manihot esculenta*	1
水茄 *Solanum torvum*	1

注：受害程度的划分标准，1 为轻度受害（被薇甘菊覆盖＜20%，生长受到较小的影响）；2 为中度受害（被薇甘菊覆盖 20% ～ 60%，生长受到较大的影响）；3 为重度受害（被薇甘菊覆盖＞60%，生长明显受阻或基本停止生长）。

十、陵水黎族自治县 4 种外来入侵生物发生为害和扩散蔓延情况

陵水黎族自治县调查外来入侵生物分布地涉及 8 个乡（镇）的 29 个点。2017 年（3 年前）与 2020 年（3 年后）的监测结果显示，水葫芦分布由 4 个乡（镇）的 5 个点上升至 5 个乡（镇）的 6 个点，薇甘菊分布由 2 个乡（镇）的 2 个点下降至 1 个乡（镇）的 1 个点，空心莲子草分布由 4 个乡（镇）的 7 个点下降至 1 个乡（镇）的 2 个点，福寿螺的分布点由 6 个增加至 9 个，但发生的乡（镇）由 6 个降至 5 个（附表 1）。

1. 陵水黎族自治县 4 种外来入侵生物发生情况

水葫芦的发生：陵水黎族自治县水葫芦的分布由 2017 年 4 个乡（镇）（英州镇、椰林镇、本号镇、文罗镇）的 5 个点（田仔水库、华北村、广会村池塘、军昌村、龙马村）上升至 2020 年 5 个乡（镇）（英州镇、隆广镇、椰林镇、本号镇、南平农场）的 6 个点（崩田村、竹利水库、华北村、广会村池塘、中央洋、南平农场光新队旁），分布频率从 2017 年的 0.17 上升至 2020 年的 0.21，但发生程度均在减轻，其中轻度发生的分布频率从 2017 年的 0 上升至 2020 年的 0.17，中度和严重发生的分布频率均降低，中度发

生的分布频率从 2017 年的 0.14 降至 2020 年的 0.03，严重发生的分布频率从 2017 年的 0.03 降至 2020 年的 0（附表 2）。

薇甘菊的发生：陵水黎族自治县薇甘菊分布由 2017 年 2 个乡（镇）（英州镇、隆广镇）的 2 个点（岗山洋、丹录村路口）下降至 2020 年 1 个乡（镇）（隆广镇）的 1 个点（突然村路边）。分布频率从 2017 年的 0.07 降至 2020 年的 0.03，轻度发生的分布频率从 2017 年的 0 上升至 2020 年的 0.03，严重发生的分布频率从 2017 年的 0.07 下降至 2020 年的 0（附表 2）。

空心莲子草的发生：陵水黎族自治县空心莲子草分布由 2017 年 4 个乡（镇）（英州镇、三才镇、椰林镇、文罗镇）的 7 个点（崩田村、乐安村田洋、长水田、东艾岭、安马大排沟、红黄蓝幼儿园旁水沟、龙马村）下降至 2020 年 1 个乡（镇）（椰林镇）的 2 个点（长水田、东艾岭）。分布频率从 2017 年的 0.24 下降至 2020 年的 0.07，严重发生的分布频率从 2017 年的 0.03 下降至 2020 年的 0，2020 年仅发现轻度发生点（附表 2）。

福寿螺的发生：陵水黎族自治县福寿螺的分布由 2017 年的 6 个点（田仔水库、丹录村桥下、红黄蓝幼儿园旁水沟、石桥村、军昌村、南平中学后池塘）增加至 9 个点（军田村田洋、岗山洋、初级中学后、长水田、石桥村、南茂村田洋、中央洋、军昌村、龙马村）。但发生的乡（镇）由 6 个（英州镇、隆广镇、椰林镇、提蒙乡、本号镇、南平农场）降至 5 个（英州镇、椰林镇、提蒙乡、本号镇、文罗镇），原来中度发生的隆广镇已无发生。分布频率从 2017 年的 0.21 上升至 2020 年的 0.31，轻度发生的分布频率从 2017 年的 0.14 下降至 2020 年的 0，中度和严重发生的分布频率分别从 2017 年的 0.07、0 上升至 2020 年的 0.14、0.17，可见陵水黎族自治县福寿螺的发生总体呈加重趋势（附表 2）。

2. 陵水黎族自治县 4 种外来入侵生物发生生境的变化

与 2017 年相比，2020 年，陵水黎族自治县水葫芦的发生生境仍以水库、河流、池塘和湖泊、田洋为主，田洋中水葫芦的发生比率有所下降，这些变化可能与土地利用率提高、经贸往来加快具有很大关系（图 2－38）。

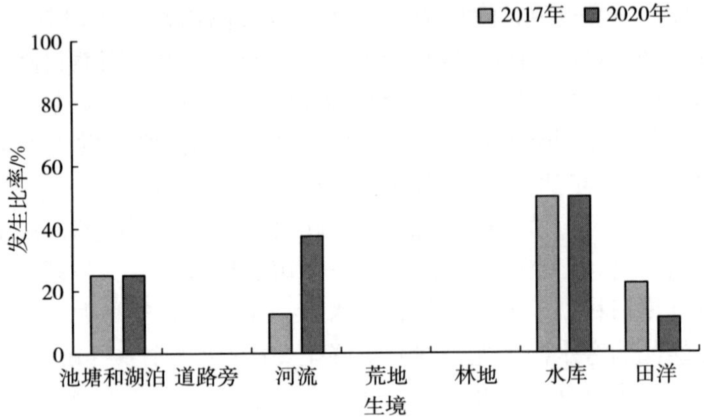

图 2－38　水葫芦在陵水黎族自治县不同生境的分布

2017 年，陵水黎族自治县田洋、道路旁严重发生薇甘菊，2020 年，仅在道路旁发生且为轻度发生（图 2－39）。

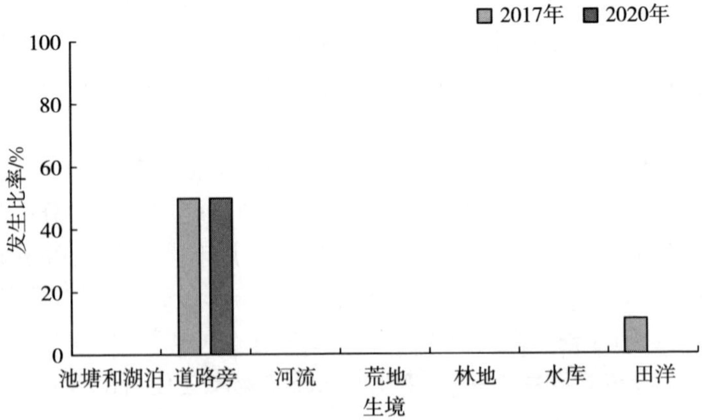

图 2－39　薇甘菊在陵水黎族自治县不同生境的分布

2017 年，陵水黎族自治县空心莲子草的发生生境为田洋、荒地、林地、河流，2020 年，空心莲子草仅在荒地和林地有水域的地方发生（图 2－40）。

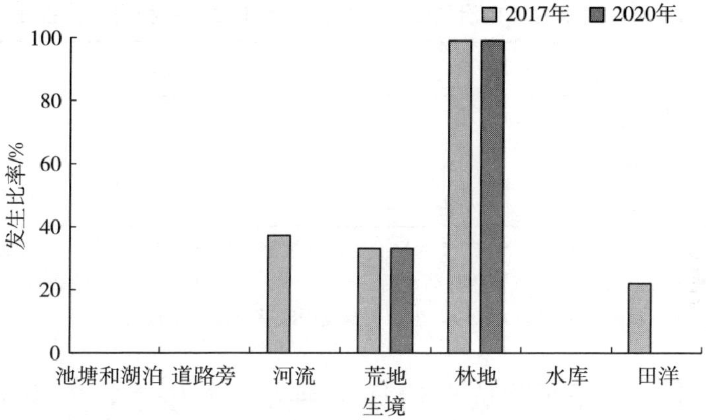

图 2－40　空心莲子草在陵水黎族自治县不同生境的分布

与 2017 年相比，2020 年，陵水黎族自治县福寿螺的发生生境不再包括河流、水库，以田洋、荒地、池塘和湖泊为主（图 2－41）。

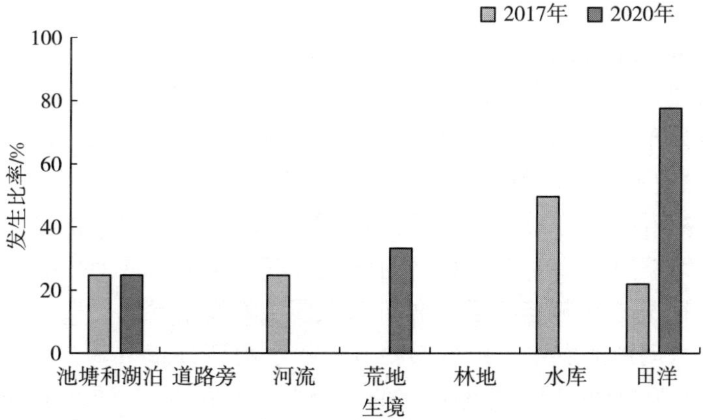

图 2－41　福寿螺在陵水黎族自治县不同生境的分布

3. 陵水黎族自治县薇甘菊附生植物种类

陵水黎族自治县薇甘菊的附生植物主要为印度紫檀、番木瓜、木薯（表 2－18）。

表 2－18　陵水黎族自治县受薇甘菊为害的主要植物种类及受害程度

植物种类	受害程度
印度紫檀 *Pterocarpus indicus*	1
番木瓜 *Carica papaya*	1
木薯 *Manihot esculenta*	1

注：受害程度的划分标准，1 为轻度受害（被薇甘菊覆盖＜20%，生长受到较小的影响）；2 为中度受害（被薇甘菊覆盖 20%～60%，生长受到较大的影响）；3 为重度受害（被薇甘菊覆盖＞60%，生长明显受阻或基本停止生长）。

十一、乐东黎族自治县 4 种外来入侵生物发生为害和扩散蔓延情况

乐东黎族自治县调查外来入侵生物分布地涉及 6 个乡（镇）。2017 年调查涉及 11 个点（大安河、新村田洋、仁头最村、南木水库下游、南木水库库头、南头村田洋、三人村、花塘沟、望楼河、蚂蟥塘水库、佛罗水库），2020 年调查涉及 14 个点（在 2017 年调查点基础上增加了昌化江、九所村桥下、九所村池塘）。2017 年（3 年前）与 2020 年（3 年后）监测结果显示，水葫芦分布由 2017 年 3 个乡（镇）的 4 个点上升至 2020 年 3 个乡（镇）的 6 个点，薇甘菊和空心莲子草 2017 年和 2020 年均无发生，福寿螺的分布由 2017 年的 2 个点增加至 2020 年的 3 个点，乡（镇）数由 2017 年的 2 个上升至 2020 年的 3 个（附表 1）。

1. 乐东黎族自治县 4 种外来入侵生物发生情况

水葫芦的发生：乐东黎族自治县水葫芦分布由 3 个乡（镇）（抱由镇、大安镇、黄流镇）的 4 个点（大安河、南木水库下游、南木水库库头、蚂蟥塘水库）上升至 3 个乡（镇）（大安镇、利

国镇、九所镇）的 6 个点（南木水库下游、南木水库库头、花塘沟、望楼河、九所村桥下、九所村池塘）。2017 年无水葫芦发生的利国镇、九所镇分别发生轻度、严重程度的水葫芦为害，而原来发生严重水葫芦为害的抱由镇、黄流镇在 2020 年则无水葫芦发生。水葫芦在乐东黎族自治县的整体分布频率从 2017 年的 0.36 上升至 2020 年的 0.43，但发生程度均在减轻，严重发生的分布频率从 2017 年的 0.36 降至 2020 年的 0.14（附表 2）。

薇甘菊和空心莲子草的发生：乐东黎族自治县自 2017 年至 2020 年未监测到薇甘菊和空心莲子草的发生。

福寿螺的发生：乐东黎族自治县福寿螺的分布由 2017 年的 2 个点（新村田洋、三人村）增加至 2020 年的 3 个（新村田洋、南头村田洋、三人村）。整体分布频率从 2017 年的 0.18 上升至 2020 年的 0.21，但发生程度相对有所降低，严重发生的分布频率从 2017 年的 0.18 降至 2020 年的 0（附表 2）。

2. 乐东黎族自治县 4 种外来入侵生物发生生境的变化

2017 年，乐东黎族自治县水葫芦的发生生境主要为水库和河流，2020 年则已发展为池塘和湖泊水库、河流（图 2－42）。

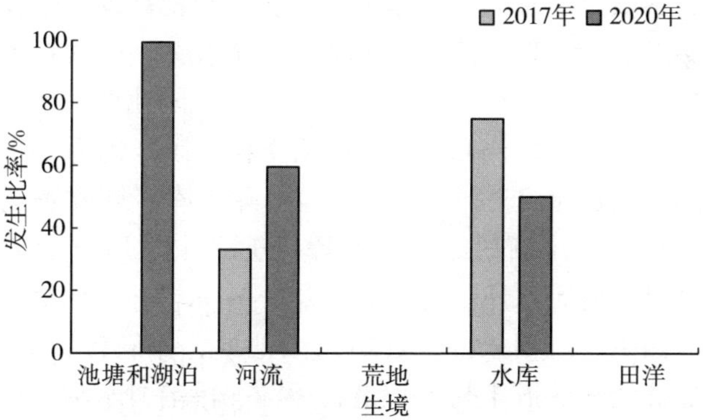

图 2－42　水葫芦在乐东黎族自治县不同生境的分布

乐东黎族自治县在 2017—2020 年未监测到薇甘菊和空心莲子草的发生，故不存在二者的发生生境变化。

与2017年相比，2020年乐东黎族自治县福寿螺的发生生境仍以田洋为主（图2-43）。

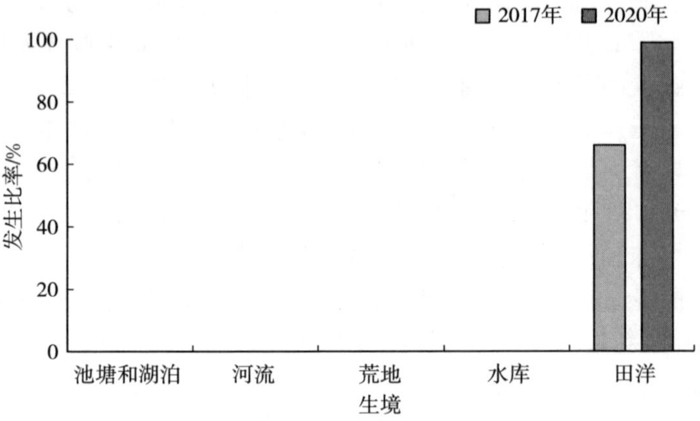

图2-43 福寿螺在乐东黎族自治县不同生境的分布

十二、昌江黎族自治县4种外来入侵生物发生为害和扩散蔓延情况

昌江黎族自治县调查外来入侵生物分布地涉及5个乡（镇）。2017年调查涉及11个点（石碌河、石碌水库、红林农场、尾矿水库、重合村、七叉村、红田果园、红田果园池塘、保平村、峨港村田洋、峨港村水沟）；2020年调查乡（镇）仍为5个，但调查涉及的点增加至26个（石碌河、石碌水库、红林农场、青坎村、地千村、水尾新村、尾矿水库、七叉中学后、七叉乡农场旁、重合村、南雅水库、七叉村、霸王岭林场、大仍村、王化水库、八所四更、红田果园、红田果园池塘、保满村、则宁坡村、保平村、好清村、五丰村、峨港村田洋、峨港村水沟、峨沟桥）。2017年（3年前）与2020年（3年后）监测结果显示，水葫芦分布由2017年2个乡（镇）的2个点上升至2020年3个乡（镇）的4个点，薇甘菊从2017年的无发生增加至2020年3个

乡（镇）4个点发生为害，空心莲子草2017年在1个乡（镇）的1个点发生为害，但2020年则未发现其发生为害；福寿螺的分布从2017年3个乡（镇）的4个点增加至2020年4个乡（镇）的9个点（附表1）。

1. 昌江黎族自治县4种外来入侵生物发生情况

水葫芦的发生：昌江黎族自治县水葫芦的分布从2017年2个乡（镇）（石碌镇、叉河镇）的2个点（红林农场、尾矿水库）上升至2020年3个乡（镇）（叉河镇、十月田镇、乌烈镇）的4个点（水尾新村、尾矿水库、保满村、峨港村水沟），但因2017年仅调查11个点，整体分布频率为0.18，2020年随着调查点数增加至26个，分布频率总体稍有下降，降为0.15。发生程度从2017年的严重降至2020年的轻度和中度，严重发生的分布频率由2017年的0.18降至2020年的0（附表2）。

薇甘菊的发生：昌江黎族自治县薇甘菊的分布从2017年的0个增加至2020年3个乡（镇）（石碌镇、叉河镇、乌烈镇）的4个点（地千村、水尾新村、尾矿水库、峨沟桥），且均被发现有薇甘菊中度为害，整体分布频率从2017年的0增加至2020年的0.15（附表2）。

空心莲子草的发生：昌江黎族自治县空心莲子草2017年被发现在1个乡（镇）（七叉镇）的1个点（七叉村）轻度发生，2020年未见空心莲子草发生为害。

福寿螺的发生：昌江黎族自治县福寿螺的分布从2017年3个乡（镇）（石碌镇、七叉镇、乌烈镇）的4个点（石碌水库、重合村、峨港村田洋、峨港村水沟）增加至2020年4个乡（镇）（在2017年基础上增加了十月田镇）的9个点（石碌河、红林农场、七叉中学后、重合村、保满村、保平村、五丰村、峨港村田洋、峨港村水沟）。整体分布频率降低0.01（从2017年的0.36降至2020年的0.35），中度发生的分布频率由2017年的0增加至2020年的0.15，严重发生的分布频率则从2017年的0.36降至2020年的0.19。

2. 昌江黎族自治县4种外来入侵生物发生生境的变化

与2017年相比，2020年，昌江黎族自治县水葫芦的发生生境从田洋、水库逐渐发展到河流、荒地、水库、田洋（图2-44）。

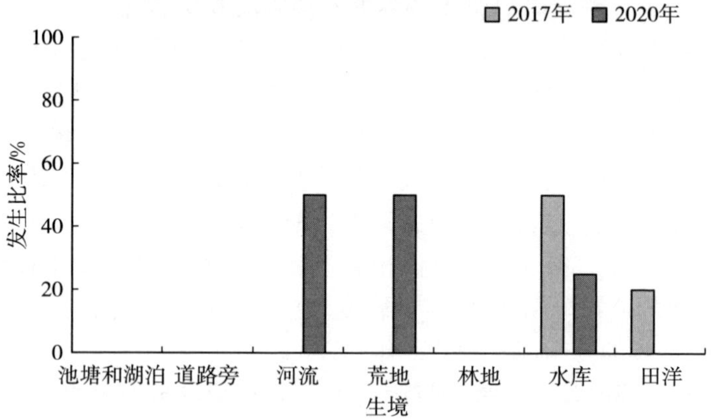

图2-44　水葫芦在昌江黎族自治县不同生境的分布

2017年，昌江黎族自治县薇甘菊无发生；2020年，在田洋、河流、水库有发生（图2-45）。

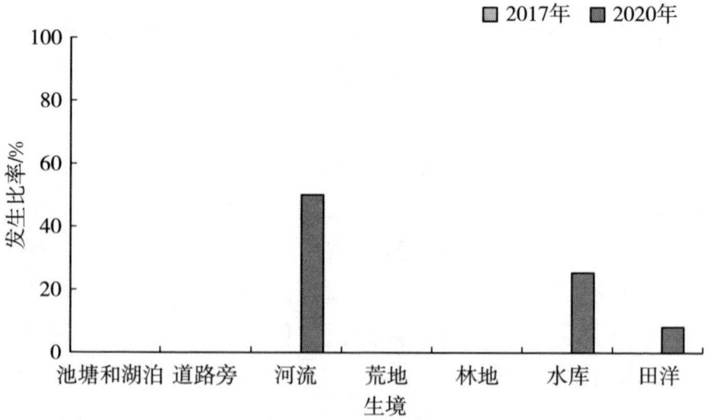

图2-45　薇甘菊在昌江黎族自治县不同生境的分布

2017 年，昌江黎族自治县仅在 1 个监测点的田洋中发现空心莲子草轻度为害；2020 年未发现其害（图 2-46）。

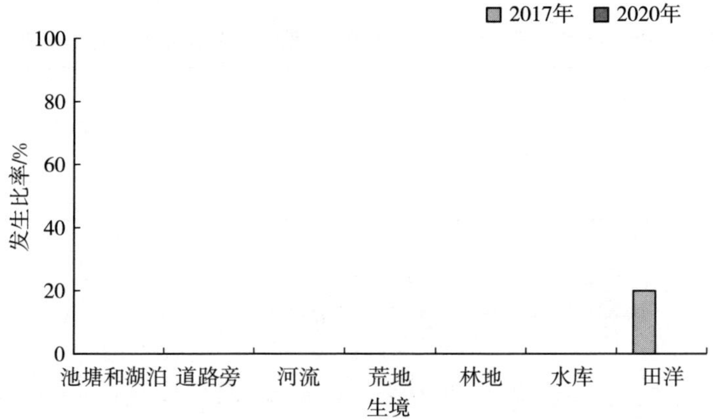

图 2-46　空心莲子草在昌江黎族自治县不同生境的分布

2017 年，昌江黎族自治县福寿螺的发生生境主要为田洋、水库、河流；2020 年，则主要为荒地、田洋、河流，在河流和田洋的发生比率升高（图 2-47）。

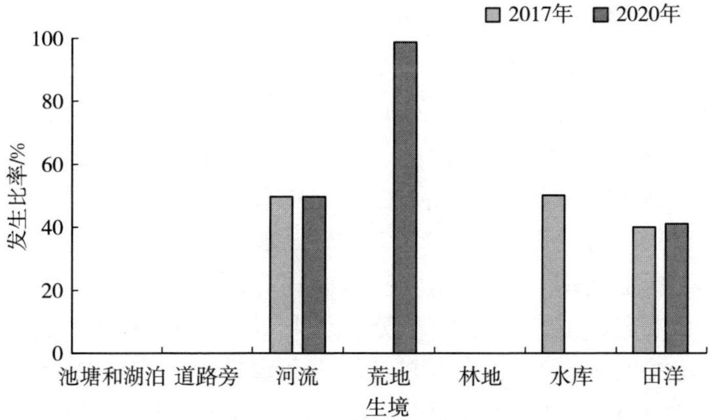

图 2-47　福寿螺在昌江黎族自治县不同生境的分布

3. 昌江黎族自治县薇甘菊附生植物种类

昌江黎族自治县薇甘菊的附生植物主要为椰子和桉（表 2-19），其他伴生植物包括白背叶、马樱丹、鬼针草等杂草。

表 2-19 昌江黎族自治县受薇甘菊为害的主要植物种类及受害程度

植物种类	受害程度
椰子 *Cocos nucifera*	1
桉 *Eucalyptus* spp.	1

注：受害程度的划分标准，1 为轻度受害（被薇甘菊覆盖<20%，生长受到较小的影响）；2 为中度受害（被薇甘菊覆盖 20% ～ 60%，生长受到较大的影响）；3 为重度受害（被薇甘菊覆盖>60%，生长明显受阻或基本停止生长）。

十三、定安县 4 种外来入侵生物发生为害和扩散蔓延情况

定安县位于海南岛的中部偏东北，调查外来入侵生物分布地涉及 6 个乡（镇）的 35 个点，2018 年（3 年前）和 2021 年（3 年后）调查数据显示，水葫芦分布由 2018 年 3 个乡（镇）的 3 个点到 2021 年 2 个乡（镇）的 4 个点，薇甘菊分布由 2018 年 5 个乡（镇）的 15 个增加至 2021 年 6 个乡（镇）的 30 个点，空心莲子草分布由 2018 年 5 个乡（镇）的 8 个点到 2021 年 4 个乡（镇）的 13 个点，福寿螺分布由 2018 年 4 个乡（镇）的 9 个点到 2021 年 5 个乡（镇）的 17 个点（附表 1）。

1. 定安县 4 种外来入侵生物发生情况

水葫芦的发生：2018 年，定安县水葫芦的分布乡（镇）数为 3 个（定城镇、雷鸣镇、龙门镇）；2021 年，分布乡（镇）数为 2 个（定城镇、龙门镇）。分布点由 2018 年的 3 个［南珠村湖泊（定海大桥两侧）、南九村池塘、久温塘冷泉乡村公园］增加至 2021 年的 4 个［沙洲村水沟旁、南珠村湖泊（定海大桥两侧）、墩山村 217 乡道边、久温塘冷泉乡村公园］，原来的南九村

池塘因经过填埋改造，当地种植槟榔，水葫芦消失。

薇甘菊的发生：2018 年有 5 个乡（镇）（定城镇、雷鸣镇、龙门镇、黄竹镇、龙湖镇）的 15 个点（沙洲村乐会桥、墩山村 202 省道边、龙梅村委会龙梅桥、石片岭南九店村公路旁、道昌村公路旁、龙拔塘驿站、英湖村马路旁、河头洋马路旁、莲堆村槟榔地、大河村大河桥巡崖河河边、淡岭村佳永桥河流旁、佳埇村公路旁、青年埇村公路旁、居丁村马路旁）发生薇甘菊；2021 年范围扩大至所有调查到的 6 个乡（镇）（定城镇、雷鸣镇、龙门镇、黄竹镇、龙湖镇、新竹镇）的 30 个点（35 个点中除了农业农村局附近、沙洲村水沟旁、南九村池塘、龙九村委会林田坡田洋、黄竹高速路口 5 个点）。分布频率由 2018 年的 0.43 上升至 2021 年的 0.86（附表 2）。

空心莲子草的发生：空心莲子草的扩散速度相对较快，发生范围显著扩大。2018 年有 5 个乡（镇）（定城镇、雷鸣镇、龙门镇、黄竹镇、龙湖镇）的 8 个点（美南村、沙洲村水沟旁、墩山村 217 乡道边、龙九村委会林田坡田洋、清水塘河流、英湖村英湖田洋、莲堆村水芹菜种植基地、龙湖镇农场）发生；2021 年分布乡（镇）数为 4 个（定城镇、雷鸣镇、龙门镇、黄竹镇），但分布点增加至 13 个［美南村、南珠村湖泊（定海大桥两侧）、墩山村 217 乡道边、墩山村 202 省道边、龙梅村委会龙梅桥、龙九村委会林田坡田洋、南九店村公路旁、清水塘河流、英湖村英湖田洋、河头洋、莲堆村水芹菜种植基地］。分布频率由 2018 年的 0.23 增加至 2021 年的 0.37（附表 2）。

福寿螺的发生：由 2018 年 4 个乡（镇）（定城镇、雷鸣镇、龙门镇、黄竹镇）的 9 个点［美南村、沙洲村水沟旁、墩山村 217 乡道边、龙九村委会林田坡田洋、南九店村公路旁、清水塘河流、英湖村英湖田洋、河头洋、莲堆村水芹菜种植基地］增加至 5 个乡（镇）（定城镇、雷鸣镇、龙门镇、黄竹镇、龙湖镇）的 17 个点［美南村、沙洲村乐会桥、沙洲村水沟旁、南珠村湖泊（定海大桥两侧）、墩山村 217 乡道边、石片岭、龙九村委会林田坡田洋、清水塘河流、英湖村英湖田洋、久温塘冷泉乡村公园、白塘水库、河头洋、莲堆村水芹菜种植基地、大河村大河桥巡崖河河边、淡岭村佳永桥河流旁、青年埇村公路旁、龙湖镇农场]。因福寿螺自身的活动、繁殖速度快以及可随水流传播扩散，这些因素造成蔓延扩散速度相对较快。

2018 年，定安县未出现 4 种外来入侵物种均有发生的点；2021 年有 3 个点［南珠村湖泊（定海大桥两侧）、墩山村 217 乡道边、久温塘冷泉乡村公园）］出现 4 种外来入侵物种同时存在的情况。

4 种外来入侵物种均未发生的点从 2018 年的 8 个（农业农村局附近、南九村委会林田坡村田洋、菜市场对面公厕旁、红花岭、白塘水库、黄竹高速路口、祖坡村委会祖坡小学、祖坡村委会山内水库）降至 2021 年的 3 个（农业农村局附近、南九村池塘、黄竹高速路口）。

2. 定安县 4 种外来入侵生物发生生境的变化

与 2018 年相比，2021 年，定安县水葫芦的发生生境从池塘和湖泊、田洋发展到池塘和源泊、河流、田洋（图 2－48）。

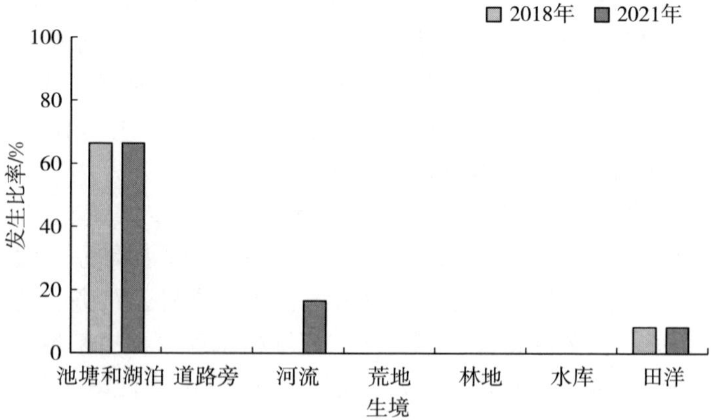

图 2－48　水葫芦在定安县不同生境的分布

与2018年相比，2021年，定安县薇甘菊的发生生境从道路旁、河流、池塘和湖泊、林地、田洋、荒地发展为道路旁、河流、池塘和湖泊、林地、田洋、荒地、水库，各生境发生比率显著升高（图2-49）。

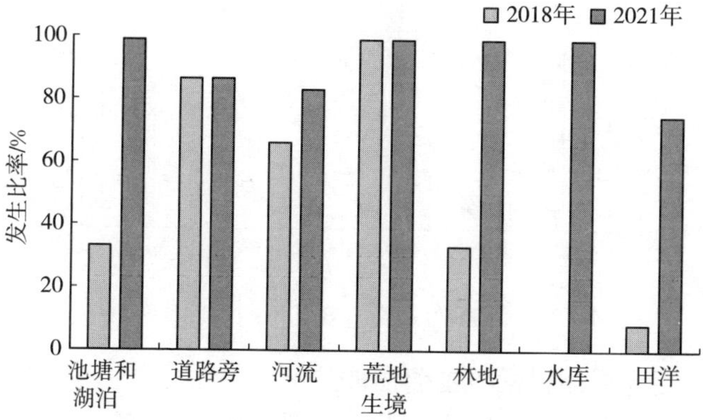

图2-49　薇甘菊在定安县不同生境的分布

与2018年相比，2021年，定安县空心莲子草的发生生境从田洋、河流发展到了池塘和湖泊、道路旁、田洋、河流（图2-50）。

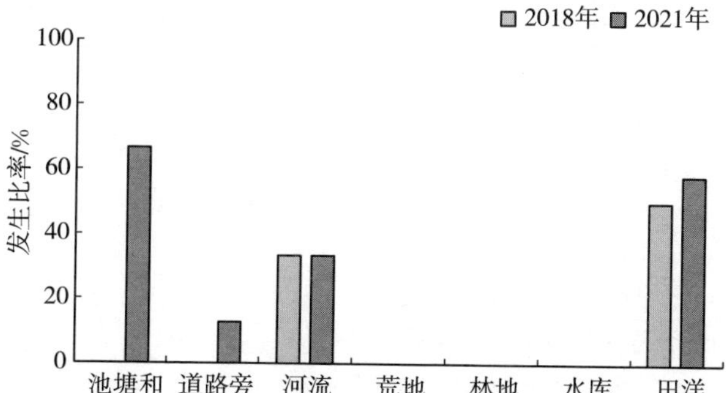

图2-50　空心莲子草在定安县不同生境的分布

与2018年相比，2021年，定安县福寿螺的发生生境从田洋、河流、道路旁发展为池塘和湖泊、水库、田洋、河流、道路旁，发生程度显著加重（图 2-51）。

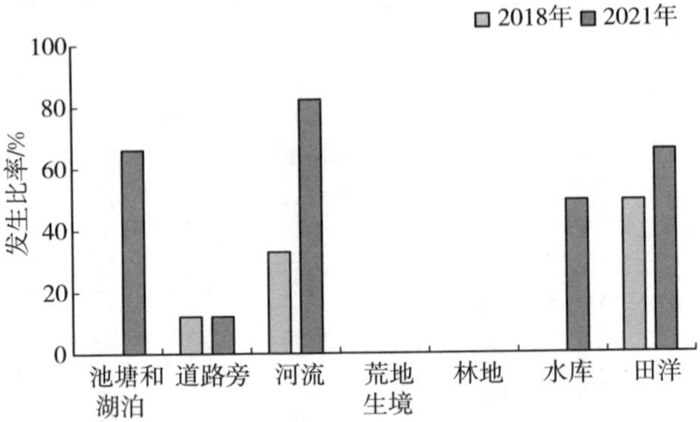

图 2-51　福寿螺在定安县不同生境的分布

3. 定安县薇甘菊附生植物种类

定安县薇甘菊的附生植物主要为剑麻、木棉、番木瓜、白楸、槟榔等（表 2-20）。

表 2-20　定安县受薇甘菊为害的主要植物种类及受害程度

植物种类	受害程度
剑麻 *Agave sisalana*	3
木棉 *Bombax ceiba*	3
番木瓜 *Carica papaya*	2
白楸 *Mallotus paniculatus*	2
槟榔 *Areca catechu*	1
番石榴 *Psidium guajava*	1
竹 *Bambusa* spp.	1
光荚含羞草 *Mimosa bimucronata*	1
海芋 *Alocasia oclora*	1
榕树 *Ficus* spp.	1

注：受害程度的划分标准，1 为轻度受害（被薇甘菊覆盖<20%，生长受到较小的影响）；2 为中度受害（被薇甘菊覆盖 20% ～ 60%，生长受到较大的影响）；3 为重度受害（被薇甘菊覆盖>60%，生长明显受阻或基本停止生长）。

十四、屯昌县 4 种外来入侵生物发生为害和扩散蔓延情况

屯昌县位于海南岛的中部偏北，调查外来入侵生物分布地涉及 6 个乡（镇）的 26 个点。2021 年，薇甘菊分布点有 8 个，空心莲子草分布点有 1 个，水葫芦分布点有 4 个，福寿螺分布点有 15 个（附表 1）。

1. 屯昌县 4 种外来入侵生物发生情况

水葫芦的发生：2021 年，屯昌县水葫芦发生乡（镇）数量与 2018 年一样，均为 3 个（屯城镇、坡心镇、南吕镇）；但所涉及的点却有变化。2018 年，文旦水库、大颜河、三岭村委会青华溪、龙湾桥 4 个点发生水葫芦；2021 年，龙湾桥已无水葫芦为害，但却在坡心镇的高朗洋监测到水葫芦严重为害，说明水葫芦扩散快，监测尚需加强。

薇甘菊的发生：2018 年，有 2 个乡（镇）（屯城镇和新兴镇）的 4 个点（环东二路大转盘马路旁、三发村村口路旁、诗礼村、新兴中学围墙外）发现薇甘菊；2021 年，薇甘菊分布点增加至 3 个乡（镇）（屯城镇、坡心镇、新兴镇）的 8 个点（文旦水库、环东二路大转盘马路旁、224 国道、大陆坡村委会、田曲坡村、高朗洋、诗礼村、新兴中学围墙外）。发生范围扩大，分布频率从 0.15 增加至 0.31，环东二路大转盘马路旁发生程度从轻度至严重，其他点的发生程度则变化不大。

空心莲子草的发生：空心莲子草在屯昌县的扩散速度相对较慢，2018 年所调查到的 3 个乡（镇）（屯城镇、坡心镇、枫木镇）的 4 个点（文旦洋、高坡洋、田曲坡村、枫木洋）发生空心莲子草，而 2021 年这 4 个点均无发现，却在曾经无发现的南吕镇附近马路发现为害，发生程度已达中度，空心莲子草分布频率由 0.15 降为 0.04。因此需加强该县其他点的监测。

福寿螺的发生：福寿螺的发生从 2018 年 4 个乡（镇）（屯城

镇、坡心镇、南吕镇、枫木镇）9 个点（文旦洋、高坡洋、新村田洋、田曲坡村、高朗洋、清华洋、山田洋、枫木洋、南挽村委会）增加至 2021 年的 6 个乡（镇）（增加了乌坡镇和新兴镇）15 个点（文旦水库、文旦洋、大同村、高坡洋、新村田洋、官朗村、田曲坡村、高朗洋、田寮村、南吕镇附近马路、清华洋、三岭村委会青华溪、枫木洋、南挽村委会、诗礼村）；分布频率从 0.35 增加至 0.58，发生程度由 2018 年的轻度、中度发展为较重、严重、极重。没有 4 种外来入侵生物都发现的点。未发现 4 种外来入侵物种的点从 2018 年的 9 个降至 6 个（附表 1、附表 2），说明 4 种外来入侵生物在不断扩散。

2. 屯昌县 4 种外来入侵生物发生生境的变化

与 2018 年相比，2021 年，在屯昌县调查点的田洋发现水葫芦，水葫芦在水库的发生比率无显著变化，在河流的发生比率有所上升（图 2－52）。

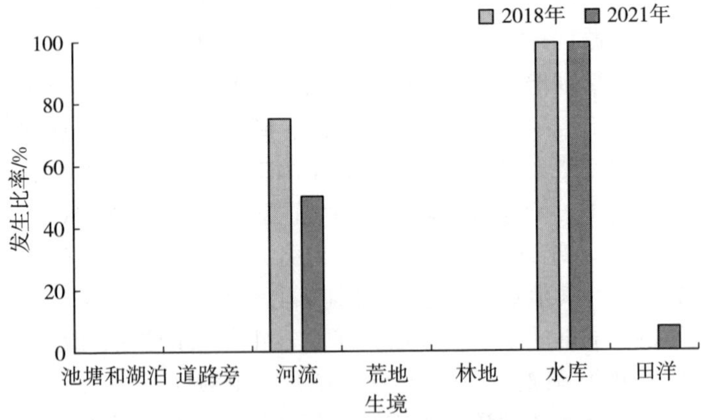

图 2－52　水葫芦在屯昌县不同生境的分布

与 2018 年相比，2021 年，屯昌县薇甘菊的发生生境增加了田洋、池塘和湖泊、水库，而曾经发现薇甘菊的林地已没有为害发现（图 2－53）。

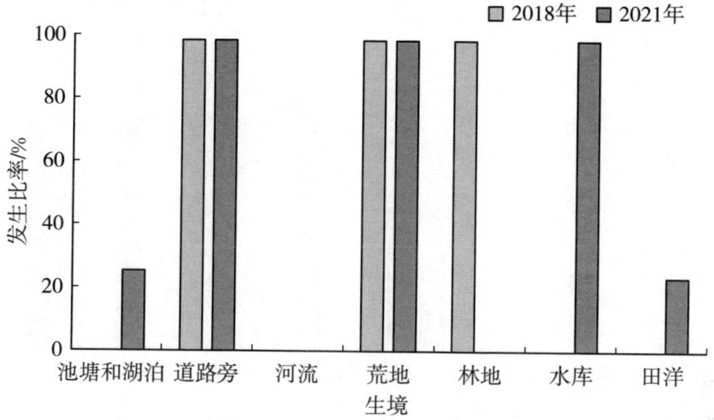

图 2-53 薇甘菊在屯昌县不同生境的分布

与 2018 年相比，2021 年，屯昌县空心莲子草的发生生境从田洋向池塘和湖泊逐渐转移（图 2-54）。

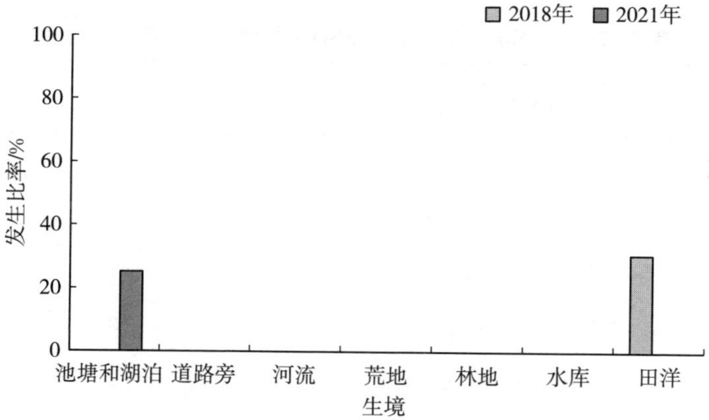

图 2-54 空心莲子草在屯昌县不同生境的分布

与 2018 年相比，2021 年，屯昌县福寿螺的发生生境由田洋（主要为水稻田）、河流，发展到了池塘和湖泊、水库、荒地田泽、河流（图 2-55）。

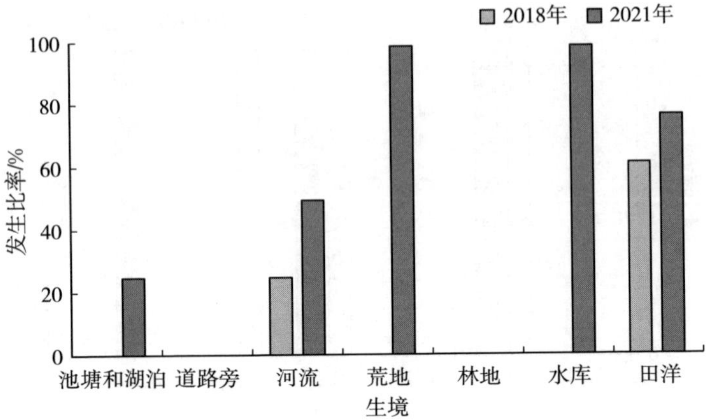

图 2-55　福寿螺在屯昌县不同生境的分布

3. 屯昌县薇甘菊附生植物种类

屯昌县薇甘菊的附生植物主要为椰子、槟榔、香蕉、木薯、海芋、蓖麻、马占相思（表 2-21）。

表 2-21　屯昌县受薇甘菊为害的主要植物种类及受害程度

植物种类	受害程度
椰子 *Cocos nucifera*	3
海芋 *Alocasia odora*	3
香蕉 *Musa paradisiaca*	3
木薯 *Manihot esculenta*	3
槟榔 *Areca catechu*	2
蓖麻 *Ricinus communis*	1
马占相思 *Acacia mangium*	1

注：受害程度的划分标准，1 为轻度受害（被薇甘菊覆盖<20%，生长受到较小的影响）；2 为中度受害（被薇甘菊覆盖 20% ～ 60%，生长受到较大的影响）；3 为重度受害（被薇甘菊覆盖>60%，生长明显受阻或基本停止生长）。

十五、保亭黎族苗族自治县4种外来入侵生物发生为害和扩散蔓延情况

保亭黎族苗族自治县位于海南岛南部，2021年，调查外来入侵生物分布地涉及19个点，其中薇甘菊分布点9个，空心莲子草未见发生，水葫芦分布点3个，福寿螺分布点10个。

1. 保亭黎族苗族自治县4种外来入侵生物发生情况

水葫芦的发生：2021年，保亭黎族苗族自治县水葫芦的分布乡（镇）与2018年相比没有扩大，仍然为保城镇和三道镇，分布点则增加了2个（新星农场四区三队林业站和农垦三道医院），少了1个（什么东村保亭河上游，2018年中度发生，2021年无发生）。分布频率由0.11升高至0.16。

薇甘菊的发生：2018年，薇甘菊的发生在2个镇（响水镇和保城镇）的4个点（金江农场三区、什么东村保亭河上游、七仙清泉温泉养生别墅门口对面、新星农场五区三队）。2021年响水镇的金江农场三区已无薇甘菊（2018年为轻度为害）；保城镇原来有3个点（什么东村保亭河上游、七仙清泉温泉养生别墅门口对面、新星农场五区三队）发生薇甘菊，2021年已增加至7个点（七仙岭国家森林公园路边、新星农场四区三队林业站、什么东村保亭河上游、七仙清泉温泉养生别墅门口对面、七仙清泉路、新星农场五区三队、排寥村委会毛介村）；原来没有薇甘菊发生的新政镇，2021年有2个点（石让村田洋点1和石让村田洋点2）发现薇甘菊的轻度为害。薇甘菊总体分布频率从2018年的0.21升高至0.47，发生程度总体有加重趋势。

空心莲子草的发生：2018年，空心莲子草在保亭黎族苗族自治县保城镇、新政镇、三道镇各1个点发生，2021年，没有发现空心莲子草，这可能与作物种植更替有关。

福寿螺的发生：2021年，保亭黎族苗族自治县福寿螺的分

布点与2018年相比增加了3个，由原来的7个点增加为10个点，发生福寿螺的乡（镇）仍然为保城镇、新政镇、三道镇，数量没有增加。原来中度发生福寿螺的新星农场五区三队和石让村田洋点2在2021年无发生，这与农户在水稻田的防治有关；原来无发生的3个点（石让村田洋点1、首弓村首弓洋、首弓村首弓洋点1、赤田水库、626县道），在2021年严重或极重发生（附表1、附表2）。

2. 保亭黎族苗族自治县4种外来入侵生物发生生境的变化

与2018年相比，2021年，保亭黎族苗族自治县水葫芦的发生生境从河流、水库发展为池塘和湖泊、水库，曾发生水葫芦的河流得到了有效治理（图2-56）。

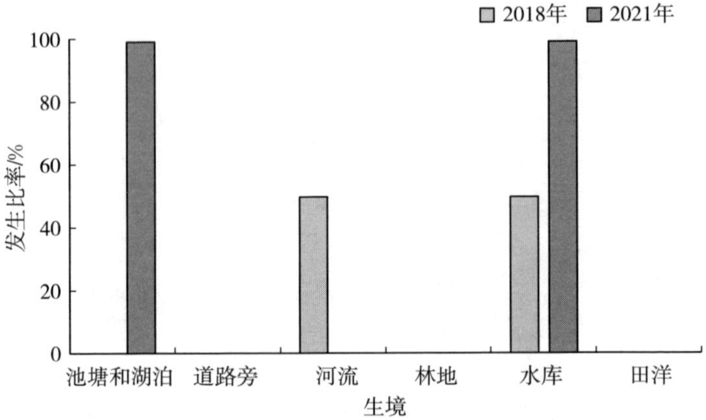

图2-56 水葫芦在保亭黎族苗族自治县不同生境的分布

与2018年相比，2021年，保亭黎族苗族自治县薇甘菊的发生生境增加了池塘和湖泊，薇甘菊在道路旁、河流、林地、田洋的发生比率增加（图2-57）。

与2018年相比，2021年，保亭黎族苗族自治县曾发现空心莲子草的田洋、河流已无为害发现（图2-58）。

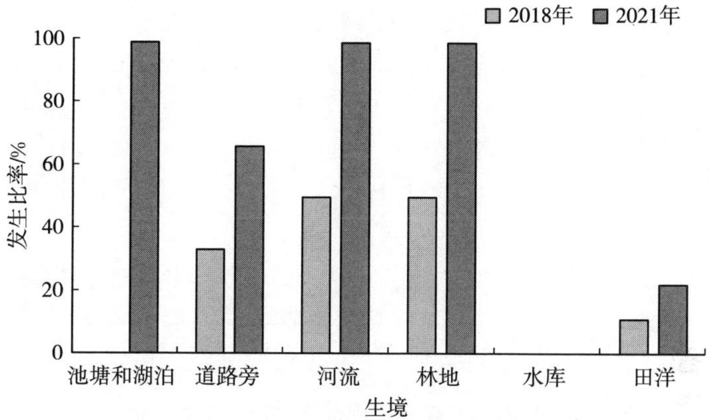

图 2-57　薇甘菊在保亭黎族苗族自治县不同生境的分布

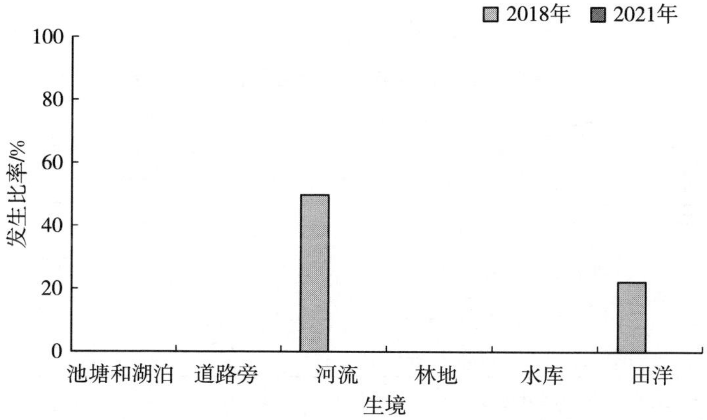

图 2-58　空心莲子草在保亭黎族苗族自治县不同生境的分布

与 2018 年相比，2021 年，保亭黎族苗族自治县福寿螺的发生生境从田洋、河流逐渐向水库扩散转移，发生比率升高，发生程度有所加重（图 2-59）。

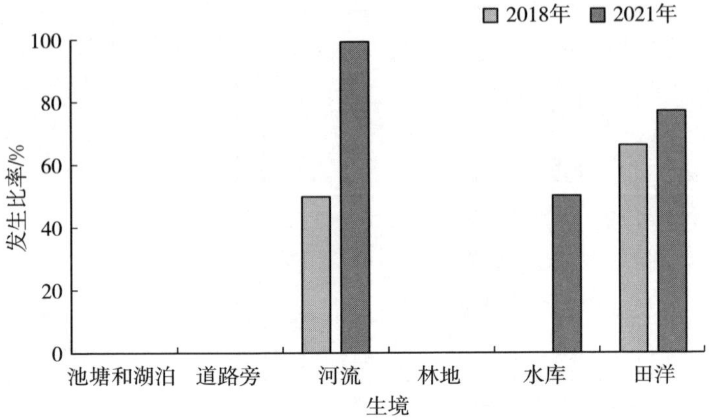

图 2-59　福寿螺在保亭黎族苗族自治县不同生境的分布

3. 保亭黎族苗族自治县薇甘菊附生植物种类

保亭黎族苗族自治县薇甘菊的附生植物主要为椰子、槟榔、海芋、海南山姜等（表 2-22）。

表 2-22　保亭黎族苗族自治县受薇甘菊为害的主要植物种类及受害程度表

植物种类	受害程度
槟榔 *Areca catechu*	2
海芋 *Alocasia odora*	2
椰子 *Cocos nucifera*	1
海南山姜 *Alpinia hainanensis*	1

注：受害程度的划分标准，1 为轻度受害（被薇甘菊覆盖<20%，生长受到较小的影响）；2 为中度受害（被薇甘菊覆盖 20% ～ 60%，生长受到较大的影响）；3 为重度受害（被薇甘菊覆盖>60%，生长明显受阻或基本停止生长）。

十六、琼中黎族苗族自治县 4 种外来入侵生物发生为害和扩散蔓延情况

琼中黎族苗族自治县位于海南岛的中部，地势自西南向东北

倾斜，丘陵、台地、河流阶地穿插于崇山谷地之间，可能因为受到地理环境的影响，交通相对不够便利，所以外来入侵生物发生为害和扩散蔓延相对较慢。外来入侵生物调查涉及4个乡（镇）（湾岭镇、营根镇、红毛镇、什运乡）1个农场（新伟农场）的17个点。2020年水葫芦的分布点未变，仍同2017年的2个点，但发生程度却从严重降为中度；2017年发生薇甘菊的1个点，在2020年仍然存在为害，发生程度从轻度升为中度；琼中黎族苗族自治县3年间均未调查到空心莲子草的发生为害；2017年，福寿螺分布点为3个镇的4个点，至2020年仅剩1个点发生为害（附表1、附表2）。

1. 琼中黎族苗族自治县4种外来入侵生物发生情况

水葫芦的发生：与2017年相比，到2020年，琼中黎族苗族自治县水葫芦的分布点未变，仍为2个点（湾岭镇的丰里村水库和营根镇南丰村池塘），但发生程度却从严重降为中度。

薇甘菊的发生：琼中黎族苗族自治县在2017年发生薇甘菊的1个点（红毛镇红毛小学旁），到2020年仍然存在为害，发生程度从轻度升为中度。

空心莲子草的发生：琼中黎族苗族自治县3年间均未调查到空心莲子草发生为害。

福寿螺的发生：在2017年，福寿螺分布点有3个乡（镇）的4个点（白银埇田洋、金妙朗村大桥、红洲洋村田洋、金屏村田洋），至2020年，仅剩1个点（什运乡田洋）发生为害。

2. 琼中黎族苗族自治县4种外来入侵生物发生生境的变化

与2017年相比，2020年，琼中黎族苗族自治县水葫芦的发生生境未发生变化，仍为池塘和湖泊、水库（图2－60）。

与2017年相比，2020年，琼中黎族苗族自治县薇甘菊的发生生境未发生变化，仍然为荒地（图2－61）。

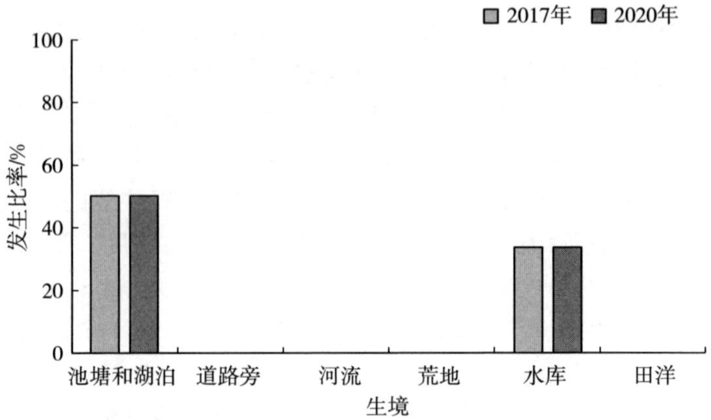

图 2-60　水葫芦在琼中黎族苗族自治县不同生境的分布

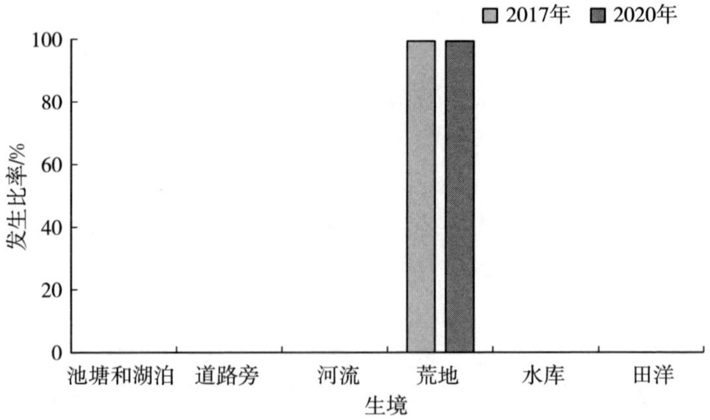

图 2-61　薇甘菊在琼中黎族苗族自治县不同生境的分布

因为在 2017 年和 2020 年均未调查到空心莲子草发生为害，所以不再对比空心莲子草发生生境的变化。

与 2017 年相比，2020 年，琼中黎族苗族自治县福寿螺的发生生境从田洋、河流变化为仅在田洋轻度发生（图 2-62）。

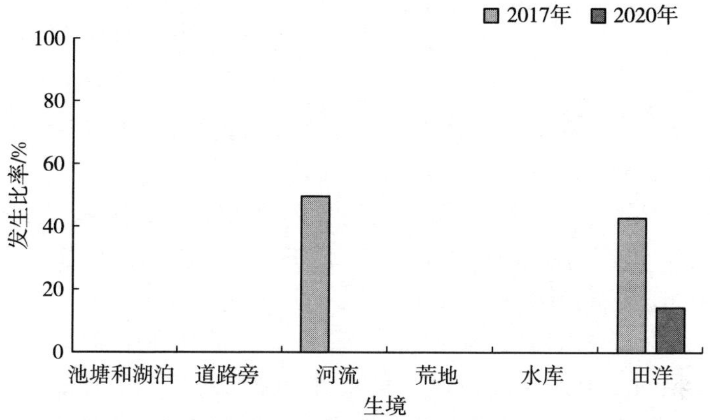

图 2-62　福寿螺在琼中黎族苗族自治县不同生境的分布

3. 琼中黎族苗族自治县薇甘菊附生植物种类

琼中黎族苗族自治县薇甘菊的附生植物主要为海芋（表 2-23）。

表 2-23　琼中黎族苗族自治县受薇甘菊为害的主要植物种类及受害程度

植物种类	受害程度
海芋 *Alocasia odora*	1

十七、白沙黎族自治县 4 种外来入侵生物发生为害和扩散蔓延情况

白沙黎族自治县位于海南岛的西部，外来入侵生物调查所涉及的点为 31 个，2021 年，薇甘菊分布点有 8 个，空心莲子草分布点有 2 个，水葫芦分布点有 3 个，福寿螺分布点有 15 个（附表 1、附表 2）。

1. 白沙黎族自治县 4 种外来入侵生物发生情况

水葫芦的发生：由于人工打捞治理，水葫芦由 2018 年的 3

个乡（镇）（牙叉镇、南开乡、七坊镇）的4个点降为2021年的2个乡（镇）（牙叉镇、南开乡）的3个点，且发生程度为轻度。

薇甘菊的发生：2018年，白沙黎族自治县仅有1个乡（阜龙乡）的1个点（阜龙司法所）发现薇甘菊为害，2021年，薇甘菊已扩散至5个乡（镇）（元门乡、牙叉镇、细水乡、阜龙乡、邦溪镇）的8个点，分布频率由2018年的0.03发展为2021年的0.26，扩散距离近30km。

空心莲子草的发生：空心莲子草扩散速度相对较慢，由2018年的1个镇（牙叉镇）的1个点扩散至2021年的2个乡（镇）（牙叉镇、阜龙乡）的2个点，分布频率由2018年的0.03发展为0.06，扩散距离近15km。

福寿螺的发生：福寿螺则由2018年的2个乡（镇）（牙叉镇、阜龙乡）的3个点发展为2021年的6个乡（镇）（元门乡、牙叉镇、细水乡、阜龙乡、七坊镇、邦溪镇）的15个点。福寿螺因为自身的活动、繁殖速度快，可随水流传播扩散等，所以蔓延扩散速度相对较快，几乎遍及白沙黎族自治县。外来入侵物种的不断扩张造成未发现4种外来入侵物种的点从2018年的23个点降至2021年的11个点，但白沙黎族自治县尚未发现4种外来入侵物种均存在的区域。

2. 白沙黎族自治县4种外来入侵生物发生生境的变化

与2018年相比，2021年，白沙黎族自治县水葫芦的发生生境从水库、河流逐渐向池塘和湖泊扩散，水库因集中治理效果显著，所以仅在一个调查点发现水葫芦轻度为害（图2-63）。

与2018年相比，2021年，白沙黎族自治县薇甘菊的发生生境从河流逐渐向池塘和湖泊、道路旁、水库、田洋扩散，发生程度显著加重（图2-64）。

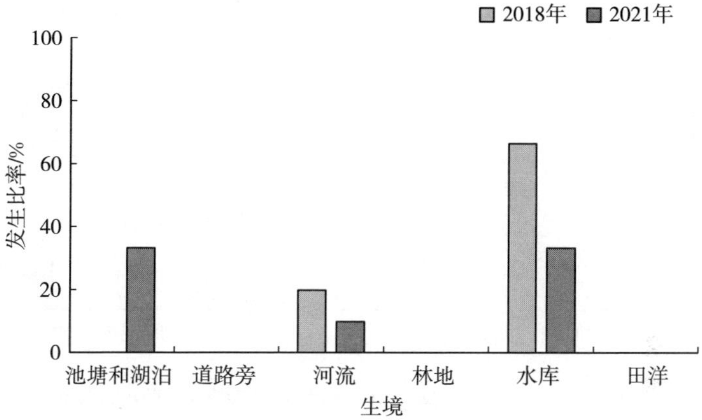

图 2-63　水葫芦在白沙黎族自治县不同生境的分布

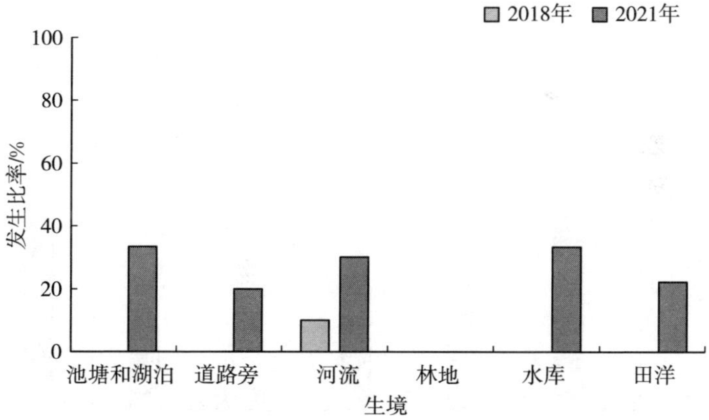

图 2-64　薇甘菊在白沙黎族自治县不同生境的分布

与 2018 年相比，2021 年，白沙黎族自治县空心莲子草的发生生境从河流向田洋转移（图 2-65）。

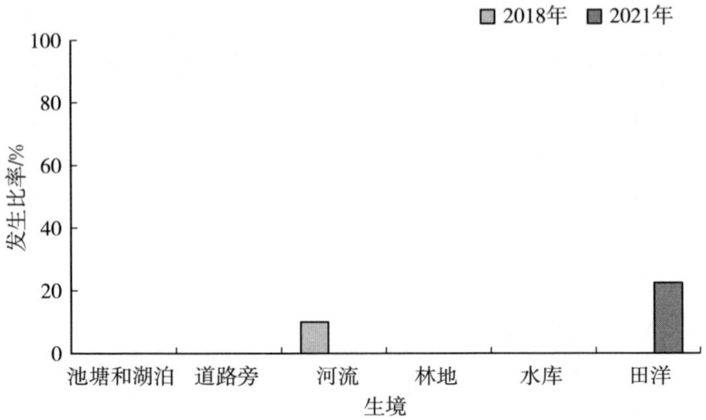

图 2-65　空心莲子草在白沙黎族自治县不同生境的分布

与 2018 年相比，2021 年，白沙黎族自治县福寿螺的发生生境从田洋（主要为水稻田）逐渐向河流、水库、道路旁及池塘和湖泊转移，发生程度显著加重（图 2-66）。

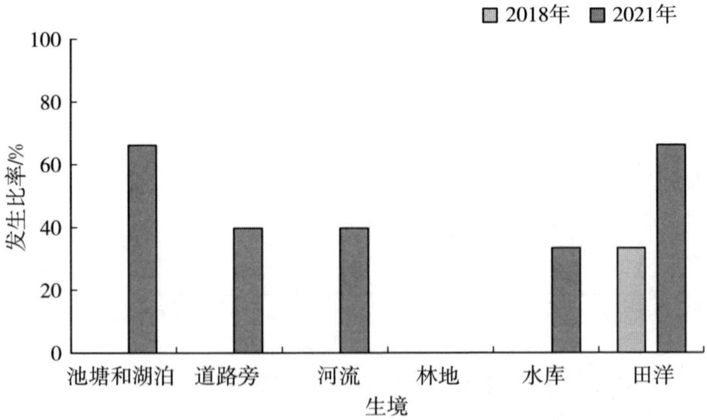

图 2-66　福寿螺在白沙黎族自治县不同生境的分布

3. 白沙黎族自治县薇甘菊附生植物种类

白沙黎族自治县薇甘菊的附生植物主要为毛竹、榕树、杂草类（如马缨丹、南美蟛蜞菊等）（表 2 - 24）。

表 2 - 24　白沙黎族自治县受薇甘菊为害的主要植物种类及受害程度

植物种类	受害程度	植物种类	受害程度
榕树 *Ficus* spp.	1	毛竹 *Phyllostachys edulis*	1
马缨丹 *Lantana camara*	1	南美蟛蜞菊 *Sphagneticola trilobata*	1

注：受害程度的划分标准，1 为轻度受害（被薇甘菊覆盖<20%，生长受到较小的影响）；2 为中度受害（被薇甘菊覆盖 20% ～ 60%，生长受到较大的影响）；3 为重度受害（被薇甘菊覆盖>60%，生长明显受阻或基本停止生长）。

十八、五指山市 4 种外来入侵生物发生为害和扩散蔓延情况

五指山市位于海南岛的中部，境内有海南省最高的五指山，也是海南省内海拔最高的区域，生物多样性丰富。这些因素可能使得外来入侵生物的发生为害和扩散蔓延程度不一，例如，2017—2020 年，水葫芦、薇甘菊、空心莲子草 3 种入侵植物的分布点数量均下降，而活动能力强的入侵动物福寿螺的分布点数量却增加。调查了所涉及 5 个乡（镇）（通什镇、畅好乡、南圣镇、水满乡、毛阳镇）的 24 个点发现：水葫芦分布从 2017 年的 5 个点下降为 2020 年的 1 个点，薇甘菊分布从 2017 年的 6 个点降为 2020 年的 4 个点，空心莲子草分布从 2017 年的 5 个点下降为 2020 年的 1 个点，福寿螺分布从 2017 年的 5 个点发展为 2020 年的 8 个点（附表 1、附表 2）。

1. 五指山市 4 种外来入侵生物发生情况

水葫芦的发生：五指山市水葫芦分布从 2017 年的 4 个乡（镇）（通什镇、畅好乡、南圣镇、毛阳镇）的 5 个点（福德莱酒店前、志候村、南圣桥、红峡谷、石绿村）下降为 2020 年的 1 个镇（南圣镇）的 1 个点（红峡谷）；分布频率从 2017 年的

0.21 降为 2020 年的 0.04，发生程度从 2017 年的中度、轻度变为 2020 年的轻度发生（附表 1、附表 2）。

薇甘菊的发生：薇甘菊在五指山市的分布从 2017 年 4 个乡（镇）（通什镇、畅好乡、水满乡、毛阳镇）的 6 个点（福关村田洋、畅好村、保护区登山点、国家自然保护区、热带雨林风景区、石绿村）降为 2020 年 1 个乡（水满乡）的 4 个点（保护区登山点、国家自然保护区、冲门村路边、热带雨林风景区）；分布频率从 2017 年的 0.25 下降为 2020 年的 0.17，轻度发生程度的点位分布频率下降，中度发生程度的点位分布频率从 0.13 上升至 0.17。

空心莲子草的发生：五指山市空心莲子草的分布从 2017 年 3 个乡（镇）（通什镇、畅好乡、毛阳镇）的 5 个点（福德莱酒店前、太平水库、太平村田洋、志毛村、石绿村）下降为 2020 年畅好乡的 1 个点（草办村田洋）；分布频率从 2017 年的 0.21 下降为 2020 年的 0.04，发生程度从 2017 年的轻度、中度变为 2020 年的轻度发生。

福寿螺的发生：五指山市福寿螺分布从 2017 年 3 个乡（镇）（通什镇、畅好乡、南圣镇）的 5 个点（福德莱酒店前、番茅村、畅好村、什奋村、军民村），发展为 2020 年 4 个乡（镇）（通什镇、畅好乡、南圣镇、毛阳镇）的 8 个点（番茅村、什分村田洋、福关村田洋、草办村田洋、畅好村、同甲村、军民村、石绿村）；分布频率从 2017 年的 0.21 上升至 2020 年的 0.33，发生程度从 2017 年的轻度上升到 2020 年的中度。

2. 五指山市 4 种外来入侵生物发生生境的变化

与 2017 年相比，2020 年，五指山市水葫芦的发生生境仅为河流，田洋、道路旁的水域已不见发生（图 2－67）。

与 2017 年相比，2020 年，五指山市薇甘菊的发生生境主要为道路旁、林地，田洋已不见薇甘菊发生（图 2－68）。

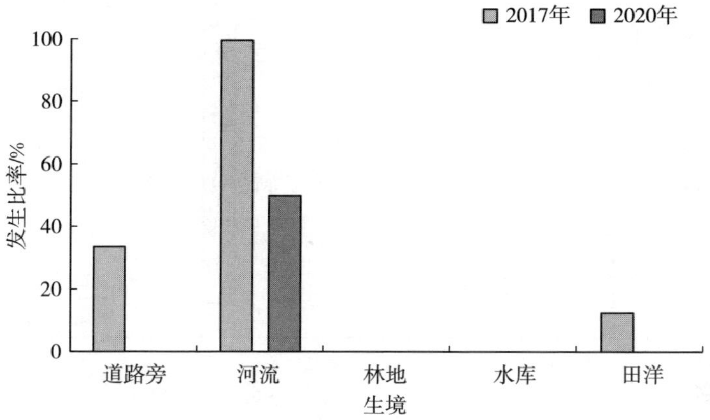

图 2-67　水葫芦在五指山市不同生境的分布

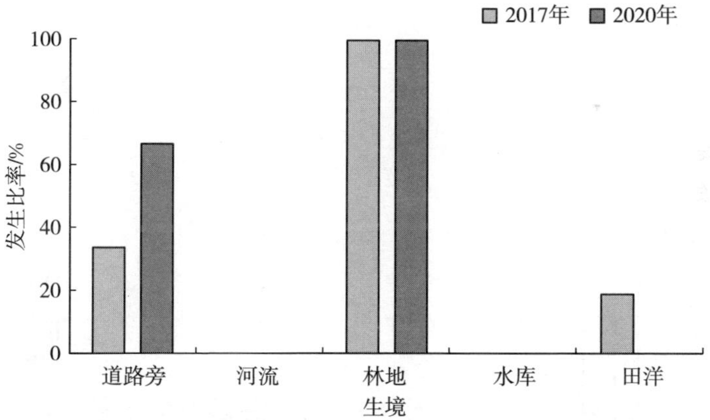

图 2-68　薇甘菊在五指山市不同生境的分布

与 2017 年相比，2020 年，五指山市空心莲子草仅在田洋的地埂处有发现，道路旁、水库则未再调查到空心莲子草的发生（图 2-69）。

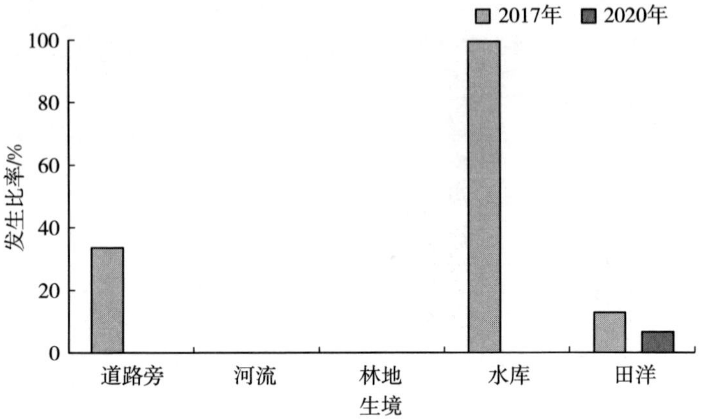

图 2-69　空心莲子草在五指山市不同生境的分布

与 2017 年相比，2020 年，五指山市福寿螺的发生生境主要为田洋，曾经有发生的道路旁因水域的消失而未再调查到福寿螺的发生（图 2-70）。

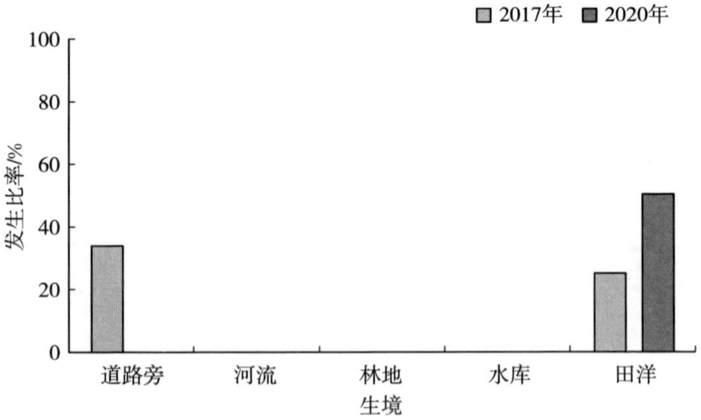

图 2-70　福寿螺在五指山市不同生境的分布

3. 五指山市薇甘菊附生植物种类

五指山市薇甘菊的附生植物主要为大王椰、紫檀、美人蕉

（表 2-25）。

表 2-25　五指山市受薇甘菊为害的主要植物种类及受害程度

植物种类	受害程度
大王椰 *Roystonea regia*	1
美人蕉 *Canna indica*	1
紫檀 *Pterocarpus indicus*	1

注：受害程度的划分标准，1 为轻度受害（被薇甘菊覆盖＜20%，生长受到较小的影响）；2 为中度受害（被薇甘菊覆盖 20% ～ 60%，生长受到较大的影响）；3 为重度受害（被薇甘菊覆盖＞60%，生长明显受阻或基本停止生长）。

第三章 水葫芦、薇甘菊、空心莲子草、福寿螺的治理及资源化利用

第一节 水葫芦的治理及资源化利用

外来入侵生物的发生可能随着县（市）经济的发展、交通的便利程度提升以及旅游业的不断发展而呈现不断扩散蔓延的趋势，因此应加强监测，做到早发现早治理，最大程度延缓或消除外来入侵生物的扩散蔓延。

一、水葫芦的防治方法

1. 物理防治

人工打捞水葫芦，清除其对水域的影响。打捞完毕后还应做好两方面工作：一方面，持续性巩固打捞成效，针对新生长的水葫芦需及时处理；另一方面，监管部门应进行区域性管理，将周围居民污水处理基础设施不断完善，并严控周围化工厂污水排放，确保其符合排放标准后方可进行排放。亦可采用围网或漂浮物围蔽形式对水葫芦进行阻截防治。

2. 生物防治

传统的生物防治方法主要包括天敌抑制和微生物菌剂治理。其中天敌抑制是指从原产地引进水葫芦的天敌，建立种群，对水葫芦的生长实施长期控制。水葫芦象甲是水葫芦生长的天敌昆

虫，引进水葫芦象甲是最早也是最为成功的控制水葫芦的方法，已在全球多个国家和地区得到了广泛的应用（付卫东等，2016；2017）。当水葫芦象甲形成良好的种群结构后，通过直接食用水葫芦叶片来控制其生长，在取得一定的治理效果后，两者之间就会形成一种动态的平衡关系，该方法具有成本低廉，防效持久的优点，但见效较慢，从释放水葫芦象甲到取得一定的控制效果一般需要3～6年，此外，还需要对大范围投放水葫芦象甲是否会造成新的生态问题进行论证（刘念江等，2006；张丽芬等，2013；付卫东等，2017）。

微生物菌剂治理主要利用水葫芦对氮肥、磷肥等营养物质强烈的依赖性，通过添加降氮灵等微生物菌剂，利用硝化细菌与反硝化细菌等混合菌剂来降低水体当中的氮、磷含量，通过限制水体当中氮、磷含量抑制水葫芦的生长，并使水葫芦某些生物学特性发生改变，目前该技术处于实验室阶段，但是为水葫芦的生物防治提供了一条新的思路（付卫东等，2017；张为，2023）。

3. 药剂防治

(1) 生物药剂防治

海南省水葫芦的清除以人工打捞为主，具有难度大、成本高等缺点。因此，海南省农业生态与资源保护总站以张文锋、黄锋等为主导的技术团队，针对水葫芦开展防治技术研发攻关，研发出一种以壬酸（为牻牛儿苗科中若干植物的天然产物）为主的除草剂。该药剂以壬酸和液状石蜡共混剂二甲四氯钠为主要成分，添加飞防助剂和水形成的飞防药剂，结合实际研发出植保无人机防治水葫芦技术。该生物药剂和技术历经5年的研发和反复试验，效果显著，每亩* 使用药液20kg，喷施1次即可起到有效防治水葫芦的效果，施药后2h，水葫芦叶片开始干枯，7d后死亡并逐步沉降，约45d后全部沉降，环境影响评价结果符合《地表

* 亩为非法定计量单位，1亩≈667m²。——编者注

水环境质量标准》（GB 3838—2002），且水环境质量明显改善，得到各方广泛关注，目前已在海南省18个市（县）大面积示范推广（张文峰等，2022）。

（2）化学药剂防治

通过化学除草剂防治水葫芦后降低其繁殖率，进而降低水葫芦的种群数量，避免其泛滥成灾，是短时间内清除水葫芦的有效方法之一，但因水葫芦在湖泊、河流、水库发生较为普遍和严重，采用化学防治会对水体生态环境造成污染，因此使用之前需考虑生态和经济等综合成本（付卫东等，2017；张为等，2023）。

水稻田发生水葫芦，可选择草甘膦异丙胺盐，每亩使用41g，加水30L，茎叶喷雾；或选择五氟磺草胺，每亩使用3.75～7.5g，加水40L，茎叶喷雾；或选择杂草克乐，每亩使用150g，加水40L，茎叶喷雾。沟渠、池塘发生水葫芦时，可在其生长早期，选择咪唑烟酸，每亩使用50～100g，加水40L，茎叶喷雾；或选择草甘膦，每亩使用120g，加水30L，茎叶喷雾；或选择杂草克乐，每亩使用150g，加水40L，茎叶喷雾。根据《农业农村部农业生态与资源保护总站关于印发空心莲子草、凤眼蓝等外来入侵物种防控技术指导意见的通知》，禁止在水环境敏感区域使用化学药剂防除。

其他常用的化学农药，如克芜踪、36%草甘·氯磺可溶性粉剂、Bioforce水剂（41%）、农达等，配合植保无人机的应用，可降低人工成本，提高工作效率。但是化学药剂通常只能杀灭水葫芦在水面上的植株，难以清除在水面下的种子，同时长期使用易产生抗药性，影响防治效果，加之水葫芦繁殖速度快，残留植株很快又重新长出，因此，化学法的防治效果难以持久（付卫东等，2017；张为等，2023）。

二、水葫芦的资源化利用

1. 制作饲料与肥料

人工或机械打捞上来的水葫芦，可通过各种技术实现资源利用。水葫芦含有大量的粗蛋白、脂肪、纤维素、营养盐等，其粗蛋白含量高达12.07%，可成为优质的反刍类畜禽饲料。水葫芦对氮、磷等营养盐吸收能力强，但却不具备对营养盐的降解能力，因此富含丰富的氮、磷，可加工为优质的有机肥和复合肥料。研究发现水葫芦与猪粪混合制备的有机肥，施用后能够有效提高农作物产量。微生物处理后的水葫芦能产生单细胞蛋白，可使其转化为动物饲料或者食品添加剂（吴迪，2020；苏甜等，2021）。

2. 吸附或截留水体环境中的微塑料

水葫芦对水体中0～0.5mm粒径范围内的微塑料（环境中的新型污染物）具有较强的吸附效应，可为水生植物吸附或截留水体环境中的微塑料提供一定的参考依据（李文刚等，2022）。

3. 改善水质

水禽湖圈养10%水体面积的水葫芦，在充分防备水禽对水葫芦的采食下，水葫芦在生长期可以有效吸收湖水中的氨氮、总氮、总磷，降低水体中五日生化需氧量（BOD_5）和化学需氧量（COD），在越冬期可持续降低水体中的COD；水葫芦圈养可以有效降低富营养化水体中的营养物质，改善水质（袁梨等，2021）。

4. 生产清洁能源

水葫芦在厌氧条件下可产生沼气。采用固液分离技术对水葫芦的发酵进行处理，解决了单相发酵中水葫芦体积膨胀、出料难、两相消化耗水量大的问题，将汁和渣分别进行厌氧消化，沼渣可以作为有机肥还田，实现了水葫芦的有效利用。通过使用水葫芦微波稀酸水解液驯化树干毕赤酵母和嗜鞣管囊酵母的混合酵母菌，显著提高了水葫芦发酵产乙醇的能力。2018年的研究发现，经过微生物预处理的水葫芦与未处理的水葫芦相比，更能在较短时间内提高沼气产量（苏甜等，2021）。

5. 作为食用菌栽培基质

水葫芦喜生于温暖、向阳、富含有机质的静水中。栽培研究表明，水葫芦营养成分丰富，可作为食用菌栽培原料，利用水葫芦自身价值发展食用菌产业，既可保护生态环境，又可降低食用菌生产成本，一举多得（白永莉等，2011）。

6. 生产纸品

水葫芦的纤维含量高，菲律宾等地把水葫芦作为原料，制作具有耐揉、耐湿的包装纸、写字纸及卫生纸（刘璐，2016）。

7. 编制家具及装饰品

用经过特殊加工的水葫芦编制成的各种家具及装饰品，不仅成本低于藤制和木制家具，而且不含甲醛（颜军，2012）。

8. 药用

水葫芦还可以入药，可治疗感冒发热、疮痈肿毒、尿路结石、尿路感染等（刘群，2015；苏甜等，2021）。

9. 作为药用植物的生长调节剂

水葫芦水浸提液质量浓度为 37.50mg/mL 时，对补血草的生长起到促进作用，这促进了水葫芦的资源化利用（田荷婷等，2021）。

10. 作为生物吸附剂

通过酯化反应引入外来羧基，水葫芦被制备成一种新型的功能化水葫芦生物吸附剂。功能化水葫芦生物吸附剂吸附含铀废水，主要是以化学吸附为主，同时伴随表面吸附以及离子交换作用。研究发现，当含铀废水溶液初始质量浓度为 1 mg/L，溶液 pH 为 7，添加功能化水葫芦生物吸附剂的投加量为 0.2 g/L，吸附时间为 4 h 时，即达到吸附平衡，提高了对铀的吸附率和吸附容量（杨璐菡，2022）。通过共浸渍—热解法开发了一种铈改性水葫芦生物炭吸附剂（Ce－BC），可以有效去除及回收实际生活污水中的磷酸盐，在避免水体富营养化的同时实现磷资源的回收利用（王光泽等，2021）。

11. 吸收重金属

水葫芦对重金属锰具有超富集能力，因此可将水葫芦作为锰污染修复植物进行应用。水葫芦对其他重金属也具有较强吸附作用，吸收含量依次为锰＞锌＞镍＞铜＞钴＞钒＞铅＞铬＞砷＞锑＞镉＞汞＞银＞铊；同时水葫芦不同部位对重金属（除汞外）的富集能力表现为根＞茎二叶，不同水葫芦植株中重金属含量受生长基质、株龄、个体吸附力差异等方面的影响（龚海燕，2021；王亚丽，2022；王戈慧，2022）。

第二节　薇甘菊的治理及资源化利用

一、薇甘菊的防治方法

1. 检疫、监测技术

加强植物检疫是控制薇甘菊跨地区传播扩散的重要手段，加强口岸植物检疫（包括植物、植物产品、土壤、园艺栽培介质、货物装载容器、包装物、铺垫材料、运输工具等）、产地检疫（包括薇甘菊发生区的植物及植物产品，或其他检疫物资调运前进行实地检查并加强监管）、调运检疫（在薇甘菊发生地区及临近地区，经省级以上人民政府批准，检疫部门可以选择主要交通要道或者其他适当地方设立检查站，对可能污染物进行检查并出具检疫证书），以从源头切断传入传出途径（付卫东等，2017）。

设立监测点，定期调查薇甘菊的发生与为害情况，根据监测结果，结合交通、物流及人流情况，划定防控区域，形成防控阻击带，开展适时防控（万方浩等，2011；范琳，2021；李志勇等，2023）。时通过培训农户、发放宣传手册、科普讲座等做好宣传，让广大干部群众认识薇甘菊的为害和扩散特性及适时防治的重要性，提高防控意识，为全面开展薇甘菊防治奠定基础。有条件的地方亦可采取基于 3S 技术（遥感、地理信息系统、卫星定位系统的统称）的监测技术，做到实时掌握薇甘菊的发生动态，并采取相应灭除措施。

2. 人工铲除

发动农户，在薇甘菊开花期前将其连根挖起，集中晒干烧毁；对于缠绕于电线杆、建筑物、高大林木、竹类等上面的藤茎，斩断藤茎，挖除根部，集中销毁；及时监测，对于清理不完全，继续生根发芽的，在其营养生长期进行拔除销毁（付卫东等，2017；范琳，2021；李志勇等，2023）。

3. 化学防治

根据薇甘菊的发生情况、生境类型、环境条件等，合理选择化学除草剂的种类，掌握用法用量进行防治，以提高防治效果，降低对生态环境的影响。

在薇甘菊种子萌发前，采用化学药剂如乙草胺、恶草酮等土壤处理除草剂兑水喷雾于土壤表层，或采用毒土法拌入土壤建立封闭层，杀死或抑制种子萌发；在幼苗期则可选用氟草烟、灭草松等除草剂喷雾防治；在生长旺盛期，可选用森草净、草甘膦等灭生性除草剂防治，严重时需连续喷药 2～3 次。为提高效率和节约成本，在连片发生区，可选用小型无人机定点，持续多次喷洒除草剂防治（付卫东等，2017）。

4. 生物防治

近年来，研究表明，种植遏制薇甘菊生长的速生树种，以及引种田野菟丝子作为寄生植物可进行薇甘菊的生物防治（黄志华，2022）。

根据薇甘菊苗期生长较缓慢的特性，在苗期利用植物竞争替代进行控制。例如，通过种植红薯，利用红薯比薇甘菊表现出较强的竞争作用进行控制（付卫东等，2017）。

利用植物的化感作用防治薇甘菊具有重要作用，其原理是通过分泌化感物质的植物（如芒萁、水蓼、鬼针草、五爪金龙、对叶榕、构等）根系分泌、凋落物分解、雨水淋溶、茎叶挥发等释放化感物质，抑制薇甘菊根系活力，影响薇甘菊的光合作用、呼吸作用、物质的分配，从而达到抑制薇甘菊生长和繁殖的作用（钟圣赟等，2022）。

利用天敌昆虫防治薇甘菊是一个重要的生物防治方向，研究发现，薇甘菊在原产地美洲有 9 种主要天敌和 22 种次要天敌（Cook，1982），例如假泽兰滑蓟马作为薇甘菊的重要天敌，具有专一性，可致其叶片失绿，扭曲变形，显著影响其存活（韩诗畴等，2001）。同时，还有几种防治薇甘菊的重要昆虫资源，包括小蓑蛾（*Acanthopsyche* sp.）、紫红短须螨（*Brevipalpus phoenicis*）、安婀珍蝶（*Actinote anteas*）、艳婀珍蝶（*Actinote thaliapyrrha*）、薇甘菊颈盲蝽（*Pachypeltis micranthus*）等对薇甘菊都具有一定的防治效果（钟圣赟等，2022）。

利用病原微生物进行薇甘菊生物防治也是近年来的研究热点。例如利用薇甘菊萎蔫病毒，不仅可直接防治薇甘菊，研究也表明，薇甘菊萎蔫病毒能够操纵其植物宿主，先将昆虫载体吸引到受感染的植物上，然后排斥带毒载体以促进其自身的传播，从而增强对薇甘菊的致病性（Wang et al.，2019）。薇甘菊柄锈菌具有致病专一性和对非靶标植物安全的特点，其可在薇甘菊及其同属植物假泽兰上完成侵染循环（付卫东等，2006；Kumar et al.，2018）。

二、薇甘菊的资源化利用

1. 食用

薇甘菊嫩芽及叶片具备叶菜的食用感官特征，含有一定的营养成分，经小白鼠食用测试对身体无不良状况。经过综合评价，薇甘菊可以作为野菜开发利用，从而达到遏制薇甘菊的生态危害的目的（叶婉秋等，2020）。

2. 做畜禽饲料

薇甘菊在我国南方也被用做猪、羊、牛等牲畜的饲料（付卫东等，2017）。

3. 药用

薇甘菊中含有萜类、酚类等多种化合物，并含有高级脂肪酸和高级脂肪酸酯，在人体内具有重要的生理功能。吉玛烷型倍半萜内酯类化合物（如薇甘菊内酯、去氧薇甘菊内酯、二氢薇甘菊内酯）具有抗菌作用，甾醇类如β-谷甾醇有抗炎作用，豆甾醇有调节血脂平衡、预防心脑血管疾病的作用。除此之外，薇甘菊的提取物对治疗糖尿病有显著效果，在抑菌方面具有研究与开发的潜力，具有较好的综合利用前景，加以开发利用将可化害为益（马秋等，2020）。

4. 提取染料

研究发现，薇甘菊含有多种可用于染料制造的化学成分，水提取法所提取的薇甘菊色素成分含有 59 种化合物，占提取物总含量的 95.34%（郭珍等，2010）

5. 开发植物源农药

研究发现，薇甘菊含有多种抗虫、抑菌、化感物质，例如其提取物对昆虫具有一定的触杀、拒食并影响生长发育等活性成分（钟宝珠等，2014；吕朝军等，2010），并可抑制多种病原菌（梁斌等，2006；付卫东等，2017）。

第三节　空心莲子草的治理及资源化利用

一、空心莲子草的防治方法

空心莲子草无性繁殖能力极强，针对其所采取的单一防治手段，如物理填埋或化学防治，防除效果均不佳，以化学防治为例，药剂在水域中使用时，高浓度可以有效防治空心莲子草，但会对水体造成污染，而低浓度药剂则会在防治效果上打折扣。因此防治空心莲子草应采取“预防为主，综合防治，绿色防控”的原则，以适当的成本将空心莲子草控制在经济阈值之下，降低其对农业、经济、生态、社会的危害。防治旱生型空心莲子草，采取以化学防治为主，农业、物理、生物防治为辅的技术策略；防治水生型空心莲子草，采取以生物防治为主，农业、物理、化学防治为辅的技术策略（赵浩宇等，2021；杨凤梅等，2022）。

1. 农业防治

及时清理容易滋生空心莲子草的生境，采用人工铲除，暴晒或腐熟销毁；培育壮苗，尽早提高作物覆盖度；深翻耕并捡除地下残存的空心莲子草根茎（赵浩宇等，2021）。

2. 物理防治

采用机械装置彻底铲除地下部分和营养体。少量发生时，深耕犁耙，降低根茎活力，阻止空心莲子草的生长繁殖。在水体中，则通过打捞搅碎，晒干销毁处理避免二次传播危害。可在空心莲子草未大量生长前利用黑色薄膜或地布覆盖（赵浩宇等，2021；杨凤梅等，2022）。

3. 化学防治

如何有效防止破碎化的空心莲子草片段被成功克隆繁殖仍是防控措施的严峻挑战。利用高效、低毒且能有效杀灭空心莲子草地下部分的除草剂，能够有效控制其蔓延。水稻田的防治可在水稻移栽后 15～25 d、空心莲子草茎长 10～15 cm 时，每公顷用氯氟吡氧乙酸 180～210 g，或用氯氟吡氧乙酸 150～180 g 加二甲四氯 420 g，或用氯氟吡氧乙酸 150 g 加五氟磺草胺 2 g，兑水 450 L 茎叶喷雾。河道沟渠可优先采用生物防治措施，辅以物理防治，应急时可采用化学防治措施，采用化学防治措施时，每公顷用草甘膦 900～1 200 g，兑水 450 L 茎叶喷雾（熊国保，2020；赵浩宇等，2021）。

4. 生物防治

空心莲子草叶甲（*Agasicles hygrophila*）是对空心莲子草有很好的防治效果的专食性天敌昆虫。研究表明，释放 4 对空心莲子草叶甲既能保证空心莲子草叶甲的稳定繁育和数量增加，又可获得对空心莲子草最佳的取食和控制效果，具有成本低、效率高的特点。针对控制水域的空心莲子草，可释放莲草直胸跳甲成虫，每公顷释放 1 000～3 000 头成虫；针对控制果园的空心莲子草，可在空心莲子草高度在 10～15 cm 时，释放莲草直胸跳甲成虫，每公顷释放 3 000～6 000 头成虫（宋振等，2018；王锦华，2021）。

二、空心莲子草的资源化利用

近年来由于国内外学者对空心莲子草的化学成分及药理活性陆续展开了研究，逐渐发现其具有很大的利用潜力，因此目前在现实生活各个领域中，均能看到对其进行利用的实例（马逢时，2021）。

1. 在医药领域中的应用

空心莲子草性寒、味甘、无毒性，具有清热、利尿、解毒、凉血等功效，能够治疗淋浊、疔疮、湿疹、带状疱疹、毒蛇咬伤、肺结核疾病的咳血等病症。在临床方面，有临床试验表明，空心莲子草对带状疱疹和流行性出血热病毒感染均有较高的治愈率。此外，空心莲子草常在临床上被用于预防流行性感冒，且其药效相比同类药物更显著。

2. 在农业生产中的应用

由于空心莲子草富含水分、蛋白质、多糖以及各种微量元素，因此具有很高的营养价值，常被制成饲料应用于畜牧、水产养殖上，并且营养效果优于传统饲料。

3. 在污染治理中的应用

由于空心莲子草惊人的繁殖速度和极强的适应能力，常被用于污水治理。空心莲子草在工业污水及生活污水中能大量繁殖并吸附污水中的有害物质及重金属元素，可以有效地净化水体。为减缓猪场废水对水体的污染，在养猪场排污塘内采用空心莲子草对养殖废水进行阻隔。研究发现，20m 长的空心莲子草截污带能有效控制猪场排污物的扩散，并将其截留在排污口附近的底泥中。

针对我国部分水体氮、磷和重金属污染问题，研究者以空心莲子草为原材料制备生物炭，用以吸附磷和重金属，取得良好效果（杨玉，2015）。

4. 在食品中的应用

由于空心莲子草具有药食同源性，因此在国内外均有食用空心莲子草的习惯。将空心莲子草作为原料开发成保健食品具有较大的市场前景。

5. 能源化利用

空心莲子草生长快，产量大，碳氮比适中。研究表明，以预处理后的空心莲子草为主要发酵原料，辅以产甲烷复合菌剂和少量接种淤泥可产生沼气，可很好地解决以秸秆为原料用来发电或者产沼气造成秸秆资源短缺的现实问题（涂武，2012）

第四节 福寿螺的治理及资源化利用

一、福寿螺的防治方法

对福寿螺进行有效治理是一个综合工程。需要农业、渔政、环保、河道、党政等相关部门和民众共同参与；相关部门要建立完备的外来物种入侵的预警、治理机制，做到早发现、早治理、层层落实，防止福寿螺大面积扩散（任和等，2020）。

1. 农业防治

福寿螺是杂食性螺类，喜欢摄食幼嫩的绿色水生植物，在我国南方主要危害的农作物是水稻秧苗，但在有其他幼嫩的绿色水生植物的情况下对水稻秧苗摄食量很少，而对浮水植物满江红和紫萍有较强的摄食选择性，因此，在水稻秧苗期，在稻田中投放适量的浮水植物（满江红、紫萍等）可以临时吸引福寿螺取食从而阻止其危害水稻秧苗（徐建荣，2009；储少媛，2018；田磊，2022）。

福寿螺主要集中在溪河渠道的低洼浅水处，适量清除浅水区域淤泥和杂草，破坏福寿螺的环境容纳量，可降低其成活率。

2. 物理防治

采取人工捞螺和采卵的方法对福寿螺进行物理防治。由于成体螺主要在水中生活，因此较为隐蔽，不易消杀。在福寿螺繁殖旺季，对其卵块进行人工摘除，投放喜食卵块的天敌，进行卵块化学消杀，或通过研究卵孵化特性，采取简单易行的办法抑制卵孵化可能是防治福寿螺的有效途径。成螺主要集中在进、排水口及浅水区域，可人工拾螺或在产卵高峰期摘除、压碎、填埋、焚烧卵块。在湖边浅水处插 20～100cm 高的竹片（木条、树枝、油菜秸秆等），引诱福寿螺在其上集中产卵，每 2～3d 摘除 1 次卵块进行销毁，此方法需要大量人力投入（储少媛，2018）。

3. 生物防治

生物治理主要采取养水禽、投放杂食性鱼类或甲鱼的方法，减少福寿螺的危害。此方法具有较大的可行性，但福寿螺体内的广州管圆线虫是否会通过食物链或其他途径在其他动物体内寄生还有待研究（郭靖，2018；任和，2020）。

生石灰、茶枯水、桑叶乙醇提取物、博落回提取物、白屈菜红碱、茶籽饼（粉）等对福寿螺有较好的杀灭效果（任和，2020）。

4. 化学防治

治理稻田福寿螺的药剂可用 10%蜗狙颗粒剂、6%密达杀螺颗粒剂、50%杀螺胺乙醇胺盐可湿性粉剂、70%杀螺胺可湿性粉剂、45%三苯基乙酸锡可湿性粉剂、百螺杀丁、四聚乙醛等，采用此方法时需考虑这些药剂对生态系统其他生物甚至人的毒性，根据农药使用标准和规范及当地的用药制度使用（李成，2011；储少媛，2018；田磊，2022）。

5. 其他防治方法

研究发现，利用氯化钙可杀灭福寿螺卵块，将氯化钙溶解后制成1%～5%氯化钙水溶液，用喷雾器均匀喷洒于福寿螺卵块上，直至卵块表面完全浸润即可（任和，2020）。

二、福寿螺的资源化利用

探索福寿螺及其卵的有效利用，“变废为宝”是值得深入探索的方向。研究发现，可用螺卵粉碎后与其他物质一起配制成鱼类、家禽、猪、甲鱼等的饲料。螺卵中有丰富的类胡萝卜素与蛋白质，类胡萝卜素是虾、蟹、鸡蛋蛋黄的天然增色剂，还可减少价格较贵的鱼粉、豆粕等的用量，达到环保和效益双赢的效果。当然，卵中是否有广州管圆线虫，也需要进一步研究（李乐林等，2023）。

利用中华鳖喜食福寿螺的习性，通过藕田饲养中华鳖，既可有效控制福寿螺的危害，又为中华鳖提供了营养丰富的食物来源，藕鳖共育，养鳖成本降低，农残和污染减少，既可增产、增效，又可提高质量（夏岳章等，2013）

纤维素酶高效降解纤维素生产单糖，在纺织、造纸、食品、饲料等行业有重要应用价值。近年来，纤维素酶应用受到广泛关注。软体动物福寿螺是入侵我国华南地区的恶性外来物种，已经对水稻生产和湿地生物多样性造成了严重危害。福寿螺对多种植物的强消化能力与其体内的内生纤维素酶有密切关系。福寿螺组织的内生纤维素酶属于动物源的纤维素酶，近年来展现出优良的降解能力，通过对福寿螺组织的内生纤维素酶转化表达能提升动物饲料利用率，提高食用菌生物效率和产量，同时增强果蔬汁液提取，在啤酒酵母中的表达亦有助于提高乙醇生产率，利用前景广阔（李梦婷等，2021）。

第四章 海南省外来入侵生物监测中存在的问题及建议

第一节 海南省外来入侵生物监测中存在的问题

定安县和东方市两个市（县）4 种外来入侵生物的分布频率均呈显著上升趋势，需重点加强监测，尤其是福寿螺，发生范围和程度均在迅速增长。调查过程中了解到，农户必须随时用药防治，不然将造成水稻苗、蔬菜等作物遭受严重损失。而农户分散防治并不能解决根本问题，大量连续用药必将造成环境和水体的污染加重，生态安全问题凸显；同时，福寿螺的部分发生地在荒地、水沟、公共场所的水域等区域，更是造成监管缺乏，福寿螺任意繁殖，成为加速向外扩散的重要源头。

近年来，水葫芦是重点治理对象，不同市（县）治理侧重点不同，水葫芦在海南省 18 个市（县）的发生变化较大，大多市（县）的分布频率虽呈下降趋势，但因其生长速度快，极易爆发成灾。

薇甘菊在海南省 18 个市（县）的分布频率上升幅度仅次于福寿螺，中度和严重发生程度的点位分布频率在 12 个市（县）有明显上升，尤其是 4 种外来入侵生物发生扩散较快的定安县，薇甘菊严重发生程度的点位分布频率上升幅度最高，达 45%。

空心莲子草在不同市（县）的发生差异较大，其中海口市、文昌市、定安县、东方市、临高县、澄迈县、白沙黎族自治县分布频率升高，尤其是海口市，3 年的分布频率增加 42%。

各市（县）防治外来入侵生物还没有建立有效的管理机制和固定经费来源。由于防治经费不足，对入侵生物没有建立检测点和预警报告制度，因此外来入侵生物检测和预警及防治得不到常态化开展。

第二节　对海南省外来入侵生物的监测和防治建议

外来生物入侵的生态代价是本地生物多样性不可弥补的消失、稀有物种的灭绝、生态系统的结构和功能遭到严重破坏，并构成对生物多样性、自然遗传资源保护与持续利用、人类生存环境的重要威胁；外来生物入侵的经济代价是农林牧渔业的产量与质量遭到惨重损失，产生高额的防治费用；生物入侵还会严重影响社会和人类健康，造成重大的经济损失。因此外来生物入侵已经引起全社会的广泛关注。目前外来生物入侵已经成为全球变化的因素之一，和动植物栖息地丧失、全球变化一起被看作全球环境的三大问题，其严重性仅次于栖息地丧失而位居第二，并可能将要上升到第一位。外来生物入侵对生态系统、生物多样性、农林牧渔业造成的巨大危害与经济损失无可置疑地得到国际社会（世界自然保护联盟、联合国环境署、全球环境基金、联合国教科文组织、国际科学理事会等）与科学家的高度重视。

海南省作为岛屿省份，是外来入侵物种的重要发生地，《中华人民共和国海南自由贸易港法》第三十四条明确指出，海南自由贸易港实行严格的进出境环境安全准入管理制度，加强检验检疫能力建设，防范外来物种入侵，禁止境外固体废物输入；提高医疗废物等危险废物处理处置能力，提升突发生态环境事件应急准备与响应能力，加强生态风险防控。

调查发现，2017—2022年，在海南省18个市（县），福寿螺和薇甘菊的发生范围总体呈扩大趋势，发生程度总体呈加重趋势，水葫芦因持续治理，有短期为害降低的点，也有短期快速爆发成灾的点，空心莲子草的发生在不同市（县）差异较大。为有效阻止4种外来入侵生物进一步扩散传播和为害，提出如下建议。

1. 加强监测力度和范围

为有效阻止福寿螺和薇甘菊进一步扩散传播和为害，需加大监测力度、监测范围、监测间隔期，建议每年至少监测1次，根据目前的监测数据，各市（县）针对性地采取监测计划，上级主管部门急需出台相应的监管条例，加大监测和联防联控力度，重要区域需尽早开展统防统治。

水葫芦属无限生长型生物，即在适宜的环境条件下水葫芦会一直出叶生长并产生分株，研究表明，在适宜的条件下水葫芦长势凶猛，植株数量可在5d内增加1倍，形成盖度为100%的单优群落（王子臣等，2011）。海南省适宜的气候条件更有利于水葫芦的生长发育和繁殖，因此水葫芦扩散快，近年来虽然各市（县）在持续治理，但各市（县）的监测和治理力度存在差异，监测和治理力度不够的市（县）存在水葫芦短期快速爆发成灾的情况，显著增加了进一步扩散的风险和治理的成本，在进行水体治理的同时，也会导致二次污染，进一步污染环境。因此建议至少3个月监测1次水葫芦发生情况，量少时可通过人工捕捞，降低其扩散和爆发的风险。

空心莲子草的发生在不同市（县）差异较大［海口市、临高县、文昌市、定安县、东方市、澄迈县白沙黎族自治县分布频率升高，其他市（县）不变或下降］，需根据市（县）具体情况制定相应的监测和防治计划，以防止空心莲子草扩散蔓延，爆发成灾。

2. 加大财政投入

海南省 18 个市（县）的外来入侵生物主要分布在荒地、道路旁、生态林地，建议由政府购买服务，委托专业的防控队伍对外来入侵生物开展相关防控措施。

3. 建立海南省外来入侵生物监测与预警系统平台

一是设立相关流动监测点，监测外来入侵生物的流动性及蔓延情况。二是在此基础上建立外来生物入侵风险评价系统，构建基于地理信息系统和入侵风险评价的外来生物入侵风险预警系统。

4. 对外来入侵生物防控技术开展专题研究与示范，集成综合的防控技术，加快应用推广

将对海南省水域和水稻生产危害较大的两种外来入侵生物——水葫芦、福寿螺确定为重点防控对象，将水葫芦、福寿螺外来入侵生物综合防治技术研究与示范推广工作列入专项。

5. 不同市（县）选择不同的防控对象与重点区域，开展防治工作

海口市作为省会城市，交通便利，人员流动大，4 种外来入侵生物的发生范围和程度均显著扩大，需加强监测和治理力度。根据发生现状，海口市薇甘菊和空心莲子草的监测区域应扩展至市区一些市民休闲区。

三亚市重点监测水葫芦，监测区域主要为吉阳区、崖州区、天涯区；重点防控福寿螺，防控区域为吉阳区、崖州区、天涯区、海棠区。

儋州市重点防控水葫芦和薇甘菊，并在防控后加强监测，同时密切注意福寿螺和空心莲子草的发生动态。

澄迈县的薇甘菊发生严重，需及时治理并继续监测。

文昌市各乡（镇）需将 4 种外来入侵生物均做重点监测和防控，尤其对福寿螺和薇甘菊，要加强监测和防控力度。并随时监测空心莲子草的发生动态，以防进一步扩散蔓延。

目前，琼海市已发生 4 种外来入侵生物的区域需尽快治理，并持续关注监测，适时治理。

万宁市重点监测和防控水葫芦、福寿螺，其中针对水葫芦，需在全市各乡（镇）开展监测与防治。

东方市重点防控水葫芦和福寿螺。对水葫芦重点防控区域为八所镇、大田镇、感城镇；对福寿螺重点防控区域为八所镇、感城镇、板桥镇、大田镇、东河镇、江北乡。

临高县主要监测薇甘菊和福寿螺。薇甘菊发生严重地点如皇桐镇的龙波墟发生严重，急需治理。空心莲子草发生扩散快，也需加强监测，部分地区如临城镇学田村农田发生较为严重，并与水葫芦共同发生，需及时治理后继续监测。

陵水黎族自治县需治理持续加重的水葫芦和福寿螺的为害，在英州镇和隆广镇加强薇甘菊的监测，其他乡（镇）均需加强空心莲子草的监测，并适时治理。

乐东黎族自治县需治理持续加重的水葫芦和福寿螺的为害。

昌江黎族自治县需治理持续加重的薇甘菊的为害，并加强水葫芦和福寿螺的监测，适时治理。

定安县各乡（镇）均需重点防控薇甘菊和福寿螺的发生，并随时监测空心莲子草的发生动态，以防进一步扩散蔓延；空心莲子草的重点监测和防控区域为定城镇的美南村，其他发生乡（镇）和监测点做好监测。水葫芦的重点监测和防控区域为龙门镇的久温塘冷泉乡村公园，不但水葫芦发生严重，其他 3 种外来有害生物均在此地发生并有明显扩散蔓延趋势。

屯昌县重点监测和防控福寿螺、薇甘菊、水葫芦，其中福寿螺需在全县各乡（镇）开展防治和监测。薇甘菊需重点监测和防控屯城镇（文旦水库、环东二路大转盘马路旁、大陆坡村委会和三发村村口路旁）、坡心镇（田曲坡村、高朗洋）、新兴镇（224 国道、诗礼村、新兴中学围墙外）；水葫芦的重点防控区域为屯城镇的文旦水库，坡心镇的大颜河、高朗洋，南吕镇的三岭村委会青华溪、龙湾桥。

保亭黎族苗族自治县重点监测和防控薇甘菊、福寿螺。薇甘菊的重点防控区域主要为保城镇，监测区域扩展至新政镇及周边地区；福寿螺的重点防控区域包括保城镇、新政镇、三道镇的各个监测点。

琼中黎族苗族自治县重点加强福寿螺和水葫芦的监测，不定期地开展治理，红毛镇需治理现有薇甘菊并持续加强其监测。

白沙黎族自治县重点防控福寿螺和薇甘菊。福寿螺重点防控区域为元门乡、牙叉镇、细水乡、阜龙乡、七坊镇、邦溪镇；薇甘菊重点防控区域为元门乡、牙叉镇、细水乡、阜龙乡、邦溪镇。

五指山市各个点重点监测防控福寿螺，水满乡加强薇甘菊的监测，南圣镇需加强水葫芦的监测。

参 考 文 献

白永莉，李军，2011. 水葫芦在海南食用菌生产上的应用［J］. 热带林业，39（4）：39－41.

班启明，田茂娟，喻三鹏，等，2020. 贵州薇甘菊风险分析［J］. 贵州林业科技，48（3）：9－12，19.

曹志强，张刚，王德建，等，2018. 利用空心莲子草阻控猪场废水扩散［J］. 江苏农业学报，34（6）：1300－1306.

陈菁，2022. 中国外来入侵物种的分布格局及主要影响因素［D/OL］. 南京：南京林业大学，［2023－04－01］. https：//kns. cnki. net/kcms2/article/abstract? v＝3uoqIhG8C447WN1SO36whLpCgh0R0Z－i16_wNaYct1rCckkTLVqOrdCyQpXkjKAekekNdNXt_brUZ7P1－xEo5zTQ0_tt_8Ma&uniplatform＝NZKPT.

陈映僮，范凯青，郭靖，2021. 基于CNKI的中国福寿螺研究趋势文献计量学分析［J］. 湖北农业科学，60（S1）：1－6，14.

陈志云，马红岩，王玲，等，2021. 广东中山市薇甘菊地理分布及适生区预测［J］. 亚热带植物科学，50（3）：222－226.

程汉亭，范志伟，黄乔乔，等，2012. 薇甘菊在不同光环境下的生理生态研究［J］. 热带作物学报，33（3）：523－528.

储少媛，2018. 福寿螺的系列物理防控技术及其控螺效应研究［D/OL］. 广州：华南农业大学，［2023－04－01］. https：//kns. cnki. net/kcms2/article/abstract? v＝Pk5Eu7LuuI7ZDmQQ7aGmwUGwYfhVHkzYQ7EURFaxrJXIo87gD6WMtk6uxmfmPSdCyy_4FPtZI9ePZQ71K7uBlHpn Zn-pglQuVk0O8TZL9CirXQhKUlBh374hGpvOWrT9IRcZvbyuaRMTnkGEhfPf5wQ＝＝&uniplatform＝NZKPT&language＝CHS.

参 考 文 献

董朝莉，2006. 福寿螺的生物生态学特性及在广西的分布与危害现状研究［D/OL］. 桂林：广西师范大学，［2023－04－01］. https：//kns.cnki.net/kcms2/article/abstract? v＝3uoqIhG8C475KOm_zrgu4lQARvep2SAk6X_k1IQGNCLwAgnuJ－hC00SHiDYrx3u9－NKOp1rCWI0fWidHVTJH0fiVb5VikD2J&uniplatform＝NZKPT.

段惠，强胜，吴海荣，等，2003. 水葫芦［*Eichhornia crassipes*（Mart.）Solms.］［J］. 杂草科学（2）：40－41.

范琳，2021. 薇甘菊为害与防治［J］. 云南农业（8）：76－77.

范志伟，程汉亭，沈奕德，等，2010. 海南薇甘菊调查监测及其风险评估［J］. 热带作物学报，31（9）：1596－1601.

方莉，陈淋，罗中，2020. 不同除草剂对空心莲子草的田间防治效果比较分析［J］. 南方农机，51（18）：37－38.

付卫东，杨明丽，丁建清，2006. 薇甘菊柄锈菌生物学及其寄主专一性［J］. 中国生物防治，22（1）：67－72.

付卫东，张国良，刘宁，2017. 薇甘菊监测与防治［M］. 北京：中国农业出版社.

付卫东，张国良，张瑞海，等，2018. 水葫芦监测与防治［M］. 北京：中国农业出版社.

傅人意，2022. 省农业生态与资源保护总站研发推广防治水葫芦新技术［N］. 海南日报，06－21.

龚海燕，2021. 上海市典型水域水葫芦中重金属含量初步研究［J］. 环境监控与预警，13（3）：50－54.

龚燕雄，岩香甩，陈国云，等，2022. 云南山地橡胶园外来入侵植物的组成分析［J］. 热带生物学报，13（1）：73－80.

郭靖，2018. 非专一性天敌对福寿螺的控制效果及其互作机制研究［D/OL］. 广州：华南农业大学，［2023－04－01］. https：//kns.cnki.net/kcms2/article/abstract? v＝LD－wYsOa3Di8qlrAd9tGo0wn62k1t8n6eTQu_l－b5Db6VnBE8CZV0IPeIXEfDcLvZFUVlvTYv4qKqNM1pkCVwRObIO_56IzgzuiVT1CBbvV2I029g2OPpO_klsspX0WvPxtzM1oN5O4JaCRV7VBH1w＝＝&uniplatform＝

NZKPT&language=CHS.
郭雅琪，姚振，陈中义，2021. 组培条件下空心莲子草匍匐茎段根系发育的研究［J］. 生物灾害科学，44（2）：212-218.
郭珍，宋晓静，李化，等，2010. 薇甘菊染料化学成分分析［J］. 安徽农业科学，38（22）：11698-11700.
韩诗畴，李丽英，彭统序，等，2001. 薇甘菊的天敌调查初报［J］. 昆虫天敌，23（3）：119-126.
郝建华，2008. 部分菊科入侵种的有性繁殖特征与入侵性的关系［D/OL］. 南京：南京农业大学，［2023-04-01］. https://kns.cnki.net/kcms2/article/abstract? v=3uoqIhG8C447WN1SO36whHG-SvTYjkCc7dJWN_daf9c2-IbmsiYfKmjqbnkqLYVp7ff_KwHpLP-vtbxPyFFNP92tO25axpWC&uniplatform=NZKPT.
胡彬，2008. 凤眼莲的形态指标及其与若干生态因子关系的研究［D/OL］. 重庆：西南大学，［2023-04-01］. https://kns.cnki.net/kcms2/article/abstract? v=Jk1LZv7y6P2IKVp5VjHlYEYAAC5CV3jE0rKYofoiJu11DRtGxBU0iysNNP oxol-2hmCbymddzZELv7fCqm8Y3wo_jS-WIb_UzAJBsQTWA__-1NOHI9biJJPocy6Lbc84RmHoLgG-SVTrK0bgIkvB7A==&uniplatform=NZKPT&language=CHS.
胡妞燕，2017. 四种华南常见植物对薇甘菊和五爪金龙的化感作用研究［D/OL］. 广州：华南农业大学，［2023-04-01］. https://kns.cnki.net/kcms2/article/abstract? v=3uoqIhG8C475KOm_zrgu4lQARvep2SA kueNJRSNVX-zc5TVHKmDNkp9r1eab5fgSGYs3kBpV6Oqfd5iRkF229Sxc8AweM8IQ&uniplatform=NZKPT.
胡玉佳，毕培曦，1994. 微甘菊生活史及其对除莠剂的反应研究［J］. 中山大学学报（自然科学版）（4）：88-95.
胡云逸，朱梓锋，孙希，等，2021. 入侵物种福寿螺对不同生态系统的破坏性影响［J］. 热带医学杂志，21（10）：1364-1368.
黄亮，文小平，2021. 鉴江干流南盛拦河坝库区水葫芦生长成因及治理建议［J］. 吉林水利（7）：22-25.

黄乔乔，沈奕德，李晓霞，等，2016. 海南典型有害植物的入侵扩散机理研究进展［J］. 生物安全学报，25（1）：1-6.

黄志华，2022. 林业有害生物薇甘菊防治技术及实施要点［J］. 中国林副特产，181（6）：50-51，54.

贾桂康，黄曼莲，张智英，2021. 利用入侵植物空心莲子草栽培平菇初步试验［J］. 中国食用菌，40（5）：16-18，22.

赖晓娟，2013. 薇甘菊监测调查规程（试行）［J］. 黑龙江科技信息（20）：287，95.

李成，2011. 6种药剂防治福寿螺效果试验研究［J］. 广西农学报，26（5）：21-24.

李宏群，李宇轩，刘晓莉，等，2018. 基于Maxent生态位模型的水葫芦在中国的适生区预测［J］. 生态科学，37（3）：143-147.

李乐林，李涵，余进祥，等，2023. 福寿螺防控及其综合利用技术集成创新与推广［J］. 江西水产科技，188（2）：31-34.

李梦婷，刘金苓，赵本良，等，2021. 入侵动物福寿螺内生纤维素酶特性及应用研究进展［J］. 生态学杂志，40（2）：559-567.

李文刚，吴希恩，简敏菲，等，2022. 鄱阳湖流域水葫芦（*Eichhornia crassipes*）对水体微塑料的吸附截留效应［J］. 环境科学，43（5）：2548-2556.

李文文，2009. 水葫芦黑斑病菌的分离、鉴定及防治效果［D/OL］. 福州：福建农林大学，［2023-04-01］. https://kns.cnki.net/kcms2/article/abstract?v=Jk1LZv7y6P180pHxfeMT7lB0HJ5cksPJGCt9L-QAUgsR3xsu7ln0iYODgJGthX-F_9TPR2GYZrtCvldKbuvaZanBrWO_FQx8g0orbmVEq13EgN9S6N-CeLxVPkuzDjM-evpZ86FfnUdmD4BEzzuxYQ==&uniplatform=NZKPT&language=CHS.

李志华，2021. 林地薇甘菊防治对策分析［J］. 农业灾害研究，11（3）：195-196.

李志勇，吴柳君，2023. 薇甘菊的发生现状及防治措施研究［J］. 种子科技，41（3）：100-102.

梁斌，袁亚莉，刘传香，2006. 薇甘菊提取物抑菌作用的初步研究［J］. 南华大学学报（自然科学版）(2)：109－111.

梁国防，2021. 流域山水林田湖草生态保护修复实践探索——以田东县合乐沟生态保护与修复工程为例［J］. 皮革制作与环保科技，2（4）：99－101.

林翠新，廖庆文，曾丽梅，2003. 薇甘菊的研究综述［J］. 广西林业科学（2）：60－65.

林嵩，翁伯琦，2006. 空心莲子草主要入侵特性及其防除措施［J］. 福建农业科技（1）：66－68.

林英，2021. 入侵中国的福寿螺种间渐渗杂交研究［D/OL］. 南京：南京师范大学，［2023－04－01］. https：//kns. cnki. net/kcms2/article/abstract? v＝LD－wYsOa3DjM6n9g9vAO0RMedp8Wg6U_1sG18lNdbzBx_zCXP15Z3qFbATu_bX5JaprmZv0tB1mgh3MNDzYeyIIT13ls5NsZZzs2A5rCannSLctkUFmuG5UiD60RBmr7VblxDja1Jmq6bvMaK83q4w＝＝&uniplatform＝NZKPT&language＝CHS.

刘金珠，龙济芝，赵定莉，2021. 腾冲市薇甘菊的发生现状及防控措施［J］. 现代农业科技（15）：121－122.

刘璐，2016. 水葫芦发酵菌的筛选及资源化利用研究［D/OL］. 广州：广东工业大学，［2023－04－01］. https：//kns. cnki. net/kcms2/article/abstract? v＝gMQMAE8gPKG1xZHu7tdtjqA5vPsuoOU2u7EMhtLhJp－tGixd2aCt5dbx－E-8l3PRuYuieC7GU9TmtMXzeFU_JePaEpkWspvONTabfAIKWh6－aMQXB－4VUakrvr6DS0hpy7o3zbfq6oUiJkeBCO－GGJw＝＝&uniplatform＝NZKPT&language＝CHS.

刘洺源，张叶军，陈乃菲，等，2021. 入侵种小管福寿螺对本土物种梨形环棱螺的生态挤压作用［J］. 动物学杂志，56（5）：663－673.

刘念江，吴莉宇，2006. 水葫芦防治方法研究进展［J］. 热带农业科学（5）：66－70.

刘巧，2016. 四川地区福寿螺繁殖力特征、壳修复及卵利用的研究［D/OL］. 成都：四川农业大学，［2023－04－01］. https：//kns. cnki. net/kcms2/article/abstract? v=LD-wYsOa3DhCYWxF9cvHxadowYOD5pb4naGUstRPxkQgXceoyU-YTWIYrS26vK7SsgTZsupztxPL6i8NA_JgnxknYyeazq0PWITLKOEgBspwooWj8b0orNRTbjtUuLWRR9xMtH77Zw0MD2VbJNHIWA==&uniplatform=NZKPT&language=CHS.

刘群，2015. 药食百种概要［M］. 杭州：浙江工商大学出版社.

刘雪莲，石雷，李宇宸，等，2021. 基于无人机高光谱影像的薇甘菊分布提取研究——以云南德宏州为例［J］. 热带亚热带植物学报，29（6）：579-588.

刘艳杰，黄伟，杨强，等，2022. 近十年植物入侵生态学重要研究进展［J］. 生物多样性，30（10）：276-292.

刘义满，魏玉翔，2021. 水生蔬菜答农民问（47）：福寿螺是一种什么“害虫”？怎样防控福寿螺？［J］. 长江蔬菜（15）：50-54.

娄远来，2005. 空心莲子草［*Alternanthera philoxeroides*（Mart.）Griseb.］的生物学、生态学与复配除草剂的增效作用及作用机理研究［D/OL］. 南京：南京农业大学，［2023-04-01］. https：//kns.cnki.net/kcms2/article/abstract? v=3uoqIhG8C447WN1SO36whBaOoOkzJ23ELn_-3AAgJ5enmUaXDTPHrGzz6U4RnSVTniHqJB7EUfBVc1JwHSfangvtMSof-51g&uniplatform=NZKPT.

卢永星，2021. 空心莲子草的识别与防治［J］. 湖南农业（3）：52.

吕朝军，钟宝珠，孙晓东，等，2010. 薇甘菊粗提物在椰心叶甲上的防控潜力［J］. 昆虫学报，53（3）：349-353.

吕洁杰，农寿，2020. 海南省外来入侵植物空心莲子草的分布和生境特征［J］. 热带林业，48（4）：13-19.

马逢时，刘家水，谈永进，2021. 空心莲子草资源化利用研究［J］. 广东化工，48（16）：122，108.

马秋，王照国，杨雪，等，2020. 薇甘菊叶的化学成分及抑菌活性研究［J］. 天然产物研究与开发，32（12）：2061-2065.

马云强，刘雪莲，刘梦盈，等，2021. 基于高光谱成像的不同花期薇甘菊特征分析及监测模型研究［J］. 云南大学学报（自然科学版），43

(02)：290-298.

毛清芳，葛芳芳，2021. 我国防控外来物种入侵的立法思考［J］. 黑龙江省政法管理干部学院学报，153（6）：110-115.

莫宝盈，侯中原，查钱慧，等，2021. 基于中国知网的“薇甘菊”文献计量分析［J］. 热带林业，49（2）：72-79.

莫建斌，2020. 薇甘菊的发生现状及防治措施［J］. 江西农业（12）：93-94.

农业农村部，自然资源部，生态环境部，等，2021. 农业农村部 自然资源部 生态环境部 海关总署国家林草局关于印发进一步加强外来物种入侵防控工作方案的通知［EB/OL］.（2021-02-04）［2023-04-01］. http://www.kjs.moa.gov.cn/hbny/202102/t20210204_6361148.htm.

农业农村部农业生态与资源保护总站，2023. 农业农村部农业生态与资源保护总站关于印发空心莲子草、凤眼蓝等外来入侵物种防控技术指导意见的通知［EB/OL］.［2023-05-03］. http://www.reea.agri.cn/sttzgg/202304/t20230428_7978645.htm.

钱冬兰，郑永利，2006. 福寿螺的识别与防治［J］. 中国蔬菜（10）：50-51.

秦天健，2019. 空心莲子草入侵与植物群落特征的关系［D/OL］. 北京：北京林业大学，［2023-04-01］. https://kns.cnki.net/kcms2/article/abstract?v=3uoqIhG8C475KOm_zrgu4lQARvep2SAkEcTGK3Qt5VuzQzk0e7M1z0I8W-SmUyPv_R_gVclHGJrRlZxdCU_kRTQQBHuSOd9J&uniplatform=NZKPT.

任和，高红娟，薛娟，等，2020. 福寿螺的生物学特性与防治［J］. 生物学通报，55（12）：1-3.

任明迅，2004. 入侵植物凤眼莲的遗传变异、克隆多样性与繁育系统进化［D/OL］. 北京：北京师范大学，［2023-04-01］. https://kns.cnki.net/kcms2/article/abstract?v=Jk1LZv7y6P0_zts5XaZ3jWayA-RfTlMPyj0AGfjvgwubdxWBtD1fk2n9nPsgK3mVBXYV5W3W676bocNCcsOIg6UhglP1zsbti9deGkMzjRFg9Aw5ddeLpQwhcJqEmlQDXfe8dS4CPdeIIqle7nm5kQ==&uniplatform=NZKPT&language=CHS.

申思，郭文锋，王伟，等，2021. 地上-地下植食性天敌对入侵植物空心莲子草与本地种莲子草种间关系的影响［J］. 应用生态学报，32（8）：2975-2981.

宋佳琳，2022. 保定市清苑区外来入侵植物分布、危害及风险评估［D/OL］. 哈尔滨：东北农业大学，［2023-04-01］. https：//kns. cnki. net/kcms2/article/abstract? v = Jk1LZv7y6P12yRRmkxzq 19u0sPp PsHNrAn283AIpSO2VEVE5eQiRGqr7fuulWuTUFh - uzDpZnsJ3N66Z8Ne02DYFxdJMPfe--HOQNO3PLzC29CnRFPn71I7jSsN - umKYBY - O6cPhOF6JkKP - Zz2FWA==&uniplatform=NZKPT& language=CHS.

宋振，张瑞海，张国良，等，2018. 空心莲子草叶甲释放量对空心莲子草防控效果的研究［J］. 生态环境学报，27（11）：2033-2038.

苏田，吴姝瑾，胡姝珍，等，2021. 外来种空心莲子草的入侵及其克隆特性综述［J］. 南方林业科学，49（1）：44-47，54.

苏甜，管升明，谢亨旺，等，2021. 灌渠水葫芦危害、资源化及治理措施研究［J］. 环保科技，27（5）：53-58.

覃海蓉，郭文锋，阳莎，等，2021. 莲草直胸跳甲和根结线虫共同危害对空心莲子草及莲子草生长的影响［J］. 河南农业大学学报，55（5）：890-895.

汤国谦，邓雪华，华展义，等，2020. 薇甘菊上新发现的一种天敌——亚铜平龟蝽［J］. 环境昆虫学报，42（5）：1105-1111.

田荷婷，杨小梅，戴思文，等，2021. 紫根水葫芦水浸提液与压榨液对补血草生长发育的影响［J］. 黑龙江农业科学，327（9）：68-73.

田磊，李风波，贺文芳，等，2022. 浙江省福寿螺入侵危害现状及防治方法研究进展［J］. 现代农业科技，811（5）：77-85.

涂武，2012. 空心莲子草发酵产沼气的试验研究［D/OL］. 武汉：湖北大学，［2023-04-01］. https：//kns. cnki. net/kcms2/article/abstract? v=Pk 5Eu7LuuI6cPLp8lAkvctcgOQMq1qBp2lCiRAuprKn0iEo7OuwgGAXX1Y1FrFBsvhiHdRfbR2Fd2D19neKPvebdWpcU - IzN91q8FyxaQ _ xmxe3MlzsZE4ac4cwBO0fEUHSldjbfiNY3kWidKPHoqg = = &uniplatform = NZKPT&

language=CHS.

万方浩，郭建英，张峰，等，2009. 中国生物入侵研究［M］. 北京：科学出版社：65－66.

王伯荪，廖文波，昝启杰，等，2003. 薇甘菊 *Mikania micrantha* 在中国的传播［J］. 中山大学学报（自然科学版）(4)：47－50，54.

王蝉娟，宋增福，鲁仙，等，2021. 我国福寿螺入侵现状和防控研究进展［J］. 生物安全学报，30（3)：178－182.

王戈慧，2022. 硫铁改性生物炭同步修复土壤砷铅污染的稳定化效果及作用机制［D/OL］. 上海：华东理工大学，［2023－04－01］. https：//kns.cnki.net/kcms2/article/abstract? v=gMQMAE8g PKGzXs9TaGT5ne5WHhBY85h8Ew4ExvbBdkx-HZDq5jAIP5UZ4SLh3A5VOwKymJoN5XCK2dzH5IMUrddRyGGqvqN75LZFC_i4JAvc2SCm-St-GpcW5wwovUlQzVW7mgCD9FdNHkK2Kj0Eww==&uniplatform=NZKPT&language=CHS.

王光泽，曾薇，李帅帅，2021. 铈改性水葫芦生物炭对磷酸盐的吸附特性［J］. 环境科学，42（10)：4815－4825.

王锦华，2021. 莲草直胸跳甲非典型气味受体 Orco 基因的鉴定与功能分析［D/OL］. 晋中：山西农业大学，［2023－04－01］. https：//kns.cnki.net/kcms2/article/abstract? v=Pk5Eu7LuuI5K_48T7tnd CY11 XLck-CcW9EyZnrD-C-WKvFk6Cy4kYcGBvaTGO1YP7BXlZzxB4ZlBP--RHmBD6k18YLX8KbK6ZaJuDSPMEQlMnto9eZYj6-_PoPTmnZyhGHIx8v5OS7p-dCPNTFqIMCA==&uniplatform=NZKPT&language=CHS.

王晓艳，何彦巧，2021. 海口市郊外湿地公园植物调查与分析［J］. 热带林业，49（2)：48－51，47.

王亚丽，2022. 水葫芦生物炭对生菜富集重金属镉的影响研究［D/OL］. 南昌：江西农业大学，［2023－04－01］. https：//kns.cnki.net/kcms2/article/abstract? v=gMQMAE8gPKFwfOaeezYG7b8Iu0EKszVOGpYy4NW_Cv9itVlcWs2A2jPHgPFL5tpz7hCft2gMGTAbWmIED0cNUfi_qqM7dOG9yrFjFApQNgWX5nRcaasnV-5impCm9rhxXX2VCqX2JOZTa3_2ZdHOdQ==&uniplatform=NZKPT&language=CHS.

王子臣，朱普平，盛婧，等，2011. 水葫芦的生物学特征 [J]. 江苏农业学报，27 (3)：531-536.

王子玥，2020. 广西福寿螺广州管圆线虫感染现状调查及其遗传多态性分析 [D/OL]. 南宁：广西医科大学，[2023-04-01]. https://kns.cnki.net/kcms2/article/abstract?v=3uoqIhG8C475KOm_zrgu4lQARvep2SAke-wuWrktdE-tSIT2YIbQ2P3xAkGmH_-H refq6RyGw4Aq34-i85qdu ZtNK7wZU5Pf&uniplatform=NZKPT.

吴迪，2020. 草鱼利用水葫芦的效益初探 [D/OL]. 重庆：西南大学，[2023-04-07]. https://kns.cnki.net/kcms2/article/abstract?v=gMQ MAE 8gPKExFXmnbgCCjPmpa7KqWVy-GEYCFUFelXX7OAr9x GEEeLxIzKrTL-FM8Xeu392iepZhpTTe7LKmpq7Gi-7s4Ugh9ADGsKJ_DU9h49cIg KmPIX 7IOzE4emK04NvUnCVMVoA5ZAXldCzyDQ==&uniplatform=NZKPT&language=CHS.

吴昊，王明霞，李迎，2021. 空心莲子草入侵群落的昆虫丰富度和分布状况及其影响因素 [J]. 生态环境学报，30 (4)：726-735.

吴昊，张辰，代文魁，2020. 气候变暖和物种多样性交互效应对空心莲子草入侵的影响 [J]. 草业学报，29 (3)：38-48.

夏岳章，翁丽青，符长焕，2013. 藕鳖共育控制福寿螺及套养技术 [J]. 浙江农业科学，337 (10)：1363-1365.

肖麒，2021. 基于转录组学研究入侵小管福寿螺对低温适应的分子机制 [D/OL]. 南京：南京师范大学，[2023-04-01]. https://kns.cnki.net/kcms2/article/abstract?v=3uoqIhG8C475KOm_zrgu4lQARvep2SAkueNJRSNVX-zc5TVHKmDNkhd4vf0H516FVpo3gx_sp-KN_OXvvqiYz5F9kpS87FyVj&uniplatform=NZKPT.

熊国保，2020. 丘陵地区机插稻田主要杂草防除技术集成创新 [D/OL]. 镇江：江苏科技大学，[2023-04-01]. https://d.wanfangdata.com.cn/thesis/ChJUaGVzaXNOZXdTMjAyMzA5MDESCUQwMjE2MjU0MhoIM3gyc3E1MXk%3D.

熊洪林，付学梅，陈嶙，等，2013. 福寿螺适应环境的繁殖生物学基础

[J]．四川动物，32（2）：255-259，321.

徐建荣，2009. 福寿螺繁殖生态与遗传多样性研究［D/OL］．青岛：中国海洋大学，［2023-04-01］．https：//kns. cnki. net/kcms2/article/abstract？v=3uoqIhG8C447WN1SO36whNHQvLEhcOy4v9J5uF5OhrkGID6XhvjmsFDqF41evaLGGwCmURHyHmv63OX33bkr3w6nVmbHt6JB&uniplatform=NZKPT.

薛晶，2022. 福寿螺（*Pomacea canaliculata*）性类固醇激素在繁殖过程中的作用及潜在的防控策略［D/OL］．武汉：湖北大学，［2023-04-01］．https：//kns. cnki. net/kcms2/article/abstract？v=LD-wYsOa3DjAcxorL-mPUO0fkRGk-3n3q7PghhTiJUZoNHhhny62OaF421Mlpy_lYTdr XRF-SZeM6s9nHtD9Cn_mkSYi4m0UnXQ2aV6eepuAcO0T3QeTyEpO-NzjzG2lblJyb7UZL2KkgE9ts3i8haQ==&uniplatform=NZKPT&language=CHS.

颜军，2012. 水葫芦高值化循环利用研究［D/OL］．杭州：浙江大学，［2023-04-01］．https：//kns. cnki. net/kcms2/article/abstract？v=j6HAoO1nZAwsH71LQwZSldD3tixpdSQug4vFdCu2vHZGyjGTnivxtbREtiif35xepTrED8pKZOUDq2sENkPVB1UozCfqwr_egyxZ-7zEVqc5p__ZaJP4SfB8hq48FCrvmk-fxnxH_HQd_AdiB81XZA==&uniplatform=NZKPT&language=CHS.

杨诚，康玉辉，高健，等，2021. 外来种福寿螺（*Pomacea canaliculata*）对3种沉水植物的牧食偏好及水体理化因子的响应［J］．湖泊科学，33（4）：1241-1253.

杨凤梅，郑舒含，关晓银，等，2022. 空心莲子草的生物学特性及利用价值研究进展［J］．现代农业科技，828（22）：99-103，107.

杨健，2013. 我国外来生物入侵的现状及管理对策研究［D/OL］．武汉：长江大学，［2023-04-01］．https：//kns. cnki. net/kcms2/article/abstract？v=3uoqIhG8C475KOm_zrgu4lQARvep2SAk8URRK9V8kZLG_vkiPpTeIffGwowaKH-H0LUu5Goa0wF18DFH6i7RHW2lG60KUpz_&uniplatform=NZKPT.

杨军，喻清，张攀，等，2021. 功能化水葫芦生物吸附剂的制备及其对铀的吸附机理［J］．南华大学学报（自然科学版），35（3）：7－16.

杨璐菡，2022. 水葫芦水热炭催化葡萄糖异构化及其机理研究［D/OL］．杭州：浙江大学，［2023－04－01］．https：//kns. cnki. net/kcms2/article/abstract? v＝gMQMAE8gPKEizJsDnlLvVrnW4irowfusrYF14R2hRSSub61UX3kuEykYUQZ－lmnOmBr6－jFl33A4O2mFlAwDwXFg2Fo9vwGGdOL5sI8 DSfjKyc8AcFmPwgmp5Vt24 dKIpEJAHWn7stL3pL3A8rKM8Q＝＝&un iplatform＝NZKPT&language＝CHS.

杨倩倩，李迦南，赵星星，等，2022. 温度对福寿螺生物学特性的影响及高低温适应机制研究进展［J］．水生生物学报，46（11）：1754－1760.

杨胜莲，2014. 海南薇甘菊危害现状及应急防控技术研究［EB/OL］．（2014－01－08）［2023－04－01］．https：//kns. cnki. net/kcms2/article/abstract? v＝kxaUMs6x7－4p_H5157itHVzbzj735XtTfF_z5peEpU－qurQdDmPu6EeYNltIfFbOIihrh9RosqscrUekrNQ－qJk1IYaruhoM&uniplatform＝NZKPT.

杨玉，2015. 水生植物生物炭的制备及其吸附特性研究［D/OL］．南京：南京大学，［2023－04－01］．https：//kns. cnki. net/kcms2/article/abstract? v＝Pk5Eu7LuuI6O7v3ogen4Gm3gZibyg4495SE51IomCaYjM4 Ncsyya_lrIxxKlmJ3KKUd4o9sAtfWHvlr9UC7fvwTDRwrqcuwZmNyrKuE9FHEcae5Zg99RC3CQgwJV1euwXKAuBIggwYUvUpSfzzowEA＝＝&un iplatform＝NZKPT&language＝CHS.

杨宗英，曾柳根，雷小青，等，2021. 福寿螺的生物学特性及防控策略［J］．渔业致富指南（14）：64－66.

叶婉秋，蒋倩云，姚强强，2020. 入侵植物薇甘菊的可食性分析［J］．现代食品（24）：191－193，197.

易小燕，2008. 外来入侵植物的扩散路径与入侵风险管理研究［D/OL］．南京：南京农业大学，［2023－04－01］．https：//kns. cnki. net/kcms2/article/abstract? v＝Jk1LZv7y6P0wCvCpSZCBKEyKua71eP6uJEcpe0_Q7uUDHeQMD5uFlAwCsnw0jUJotfXSd_dWdDWesHjQ9l42moFTqfvZCpD8bDsGuKXK4gR1axGYisBeBpGlfpYO5fUIyLCJcfNb44_ZxKA0l

Ftpow==&uniplatform=NZKPT&language=CHS.

俞晓平，陈建明，董胜张，等，2007. 外来动物福寿螺的生物学特性和控制技术研究［C/OL］//中国农业科学院植物保护研究所国家农业生物安全科学中心，福建农林大学，中国科学院动物研究所，华南农业大学，北京师范大学．生物入侵与生态安全——“第一届全国生物入侵学术研讨会”论文摘要集．福州：［出版者不详］：269，［2023-04-01］．https：//kns. cnki. net/kcms2/article/abstract? v=j6HAoO1nZAzEG-DyZt9tL1e5HP cGCDF2jDahumZ43vpJ7o6HLCHb0FgSLgpzlYEiybJ85IKc91o9VAeNWmM3V yjP4yGEVQYSqEVaMeC8l3Mew2W1q8Hoy _ HYx-vFpPfLKg59w5FPPP gnGQO7XvUB07w==&uniplatform=NZKPT&language=CHS.

袁梨，吴登虎，姚勇，等，2021. 水葫芦圈养对重庆动物园水禽湖富营养化水体水质的影响［J］．养殖与饲料，20（3）：5-8.

詹国辉，孙伟，吴新华，等，2010. 外来有害生物传入对苏州市的影响及防控对策分析Ⅰ——发生现状及危害［J］．西南林学院学报，30（S1）：58-63.

张春霞，2016. 福寿螺与本地田螺在不同生境胁迫下的响应差异与作用机制研究［D/OL］．广州：华南农业大学，［2023-04-01］．https：//kns. cnki. net/kcms2/article/abstract? v=LD-wYsOa3DjB2v2MithH8EItL5P3kyd2mHizQWor9XDT9H8ThKa5eYfHMWqlAi7RfCm2-cJkLL9UF-NtVPR85rCnhUPd8dBDNW-QyAd _ vd7QYptfg 8Mug GfDusTrG-StZNV0TgDfqSPOY94RIDtaMcQ==&uniplatform=NZKPT&language=CHS.

张国良，付卫东，刘坤，等，2010. 外来草本植物普查技术规程：NY/T 1861—2010［S/OL］．北京：中华人民共和国农业农村部，［2023-04-01］．https：//hbba. sacinfo. org. cn/attachment/onlineRead/6e63d7e6aa944e8bb039c30c16efdc210e11a412e7f050e6d710750264a946e3.

张国良，付卫东，宋振，等，2021. 外来入侵杂草调查技术指南［M］．北京：中国农业科学技术出版社：31-50，155-156.

张国月，雷凯茜，樊雅东，2021. 福寿螺在武汉地区的一种新天敌记录［J］. 亚热带农业研究，17（2）：122－125.

张丽芬，张文杰，孟祥丽，等，2013. 浅谈利用现代生物技术防治昆明滇池水葫芦［J］. 生物技术世界，69（8）：14，38.

张为，余婵，金海洋，等，2023. 水葫芦防治技术及资源化利用研究进展［J］. 三峡生态环境监测，8（1）：11－16.

张文锋，黄锋，2021. 一种防治水葫芦的药剂及其防治方法：202011632025.5［P/OL］. 05－25［2023－04－01］. https：//pss－system. cponline. cnipa. gov. cn/documents/detail? prevPageTit＝changgui.

赵浩宇，刘俊豆，郑仕军，等，2021. 空心莲子草综合防治技术［J］. 四川农业与农机（2）：56－57.

郑亚萍，余涵霞，张昕宇，等，2021. 薇甘菊化感物质对土壤氮素矿化的影响及其化感利己作用［J］. 生物安全学报，30（2）：110－119.

中国农业科学院农业环境与可持续发展研究所，福建省出入境检验检疫局，湖南省农业资源与环境保护管理站，等，2012. 福寿螺综合防治技术规程：NY/T 2152—2012［S/OL］. 北京：中华人民共和国农业农村部，［2023－04－01］. https：//hbba. sacinfo. org. cn/attachment/onlineRead/d5099c08af55bc6897e6834f22a0c823778e9a9ef25658e00a7cbbd5eff68a51.

中国农业科学院农业环境与可持续发展研究所，农业部农业生态与资源保护总站，2016. 水葫芦综合防治技术规程：NY/T 3019—2016［S/OL］. 北京：中华人民共和国农业部，［2023－04－01］. https：//std. samr. gov. cn/hb/search/stdHBDetailed? id＝AEF005A224835A54E05397BE0A0A79F3.

中华人民共和国生态环境部，2022.《“十四五”海洋生态环境保护规划》印发［J］. 船舶标准化工程师，55（2）：2.

钟宝珠，吕朝军，钱军，等，2014. 薇甘菊提取物对红脉穗螟的产卵忌避及杀卵作用［J］. 昆虫学报，57（9）：1112－1116.

钟圣赟，王鑫，曾亚红，等，2022. 薇甘菊生物防治的研究进展［J］. 热带林业，50（4）：77－80.

周宇，2019. 入侵物种福寿螺在中国的潜在分布及不同尺度下的种群遗传学

[D/OL]．南昌：南昌大学，[2023-04-01]．https：//kns.cnki.net/kcms2/article/abstract? v=3uoqIhG8C475KOm_zrgu 4lQARvep2 SAkueN-JRSNVX-zc5TVHKmDNkpzGW8skIuGaUkJ7ck3TLBhFwE18E1l5uffr4rIi05is&uniplatform=NZKPT.

COCK M J W，1982. Potential biological control agents for *Mikania micrantha* HBK from the Neotropical region [J]．International Journal of Pest Management，28（3）：242-254.

KUMAR P S，DEV U，JOSHI N，2018. *Puccinia spegazzinii*（Pucciniales：Pucciniaceae）from Peru for biological control of *Mikania micrantha*（Asteraceae：Eupatorieae）in India：evaluating susceptibility of host populations and confirming host specificity [J]．Egyptian Journal of Biological Pest Control，28（1）：18.

LIU B，YAN J，WAN F H，et al.，2020. *Mikania micrantha* genome provides insights into the molecular mechanism of rapid growth [J]．Nature Communications，11（1）：340.

WANG R L，ZHU S K，ELZAKI M，et al.，2019. *Mikania micrantha* wilt virus alters insect vector's host preference to enhance its own spread [J]．Viruses，11（4）：336.

ZARKAMI R，ESFANDI J，SADEGHI R，2021. Modelling Occurrence of Invasive Water Hyacinth（*Eichhornia crassipes*）in Wetlands [J]．Wetlands，41（1）：1-13.

附录1　4种外来入侵生物在海南省的发生变化情况

4种外来入侵生物在海南省发生变化情况见附表1和附表2。

附表1　2017—2022年，海南省18市（县）水葫芦、薇甘菊、空心莲子草、福寿螺发生情况变化（3年前和3年后）

市（县）	乡（镇）	调查点	生境	发生程度①（水葫芦）		发生程度②（薇甘菊）		发生程度③（空心莲子草）		发生程度④（福寿螺）	
				3年前	3年后	3年前	3年后	3年前	3年后	3年前	3年后
海口市	灵山镇	江东大道旁东园村池塘	池塘和湖泊	严重	严重	—	—	—	严重	—	轻度
		江东大道与琼山大道交界处	池塘和湖泊	严重	严重	—	—	—	严重	—	—
		江东大道旁南调村	荒地	中度	—	—	—	—	严重	—	严重
		江东大道旁不知名桥下方	河流	严重	—	—	—	—	严重	—	轻度
	演丰镇	演中村池塘	池塘和湖泊	中度	轻度	—	严重	—	中度	—	严重
		苏民村苏民田洋	田洋	—	—	—	中度	—	—	中度	严重
	三江镇	罗化桥旁苗圃旁	道路旁	—	—	中度	严重	—	—	—	轻度
		南育桥旁苗圃	荒地	—	—	中度	中度	—	严重	—	轻度
		美敏桥下方演州河	河流	轻度	轻度	—	中度	—	中度	—	轻度

（续）

市（县）	乡（镇）	调查点	生境	发生程度①（水葫芦）		发生程度②（薇甘菊）		发生程度③（空心莲子草）		发生程度④（福寿螺）	
				3年前	3年后	3年前	3年后	3年前	3年后	3年前	3年后
海口市	大致坡镇	洋仔村高林桥下方	河流	中度	严重	—	轻度	—	中度	—	轻度
	旧州镇	德熏桥下方河流	河流	中度	中度	—	严重	—	—	—	—
		十公里田洋	荒地	—	—	—	严重	—	—	中度	—
	红旗镇	红壤村河流	河流	严重	中度	—	严重	—	严重	—	轻度
		福地田洋	田洋	—	—	—	严重	中度	—	中度	轻度
	龙华区	丁村万人海鲜广场旁	河流	—	—	中度	严重	—	轻度	—	—
	城西镇	大样村旁田洋	田洋	—	—	中度	严重	中度	中度	中度	中度
		大样村	道路旁	中度	—	中度	严重	—	—	—	—
		大样村旁农田	田洋	严重	—	—	严重	—	—	—	轻度
		坡崖村	道路旁	—	—	严重	严重	—	—	—	—
		羊山水库边上	荒地	—	严重	中度	严重	—	—	—	—
		坡训村环岛高速旁	池塘和湖泊	—	中度	严重	严重	—	—	—	—
	遵谭镇	美顶村	道路旁	—	—	轻度	严重	—	—	—	—
		224 国道旁 24 田洋	道路旁	—	—	中度	中度	—	—	—	中度

（续）

市（县）	乡（镇）	调查点	生境	发生程度①（水葫芦）		发生程度②（薇甘菊）		发生程度③（空心莲子草）		发生程度④（福寿螺）	
				3年前	3年后	3年前	3年后	3年前	3年后	3年前	3年后
海口市	永兴镇	昌旺田洋	道路旁	—	—	轻度	轻度	—	—	—	严重
	新坡镇	114县道旁南面沟	河流	严重	轻度	—	严重	—	轻度	—	严重
		下市村下市塘	池塘和湖泊	严重	—	—	轻度	—	严重	—	轻度
		光荣村池塘	河流	严重	中度	—	中度	—	严重	—	—
		新发地农业基地前梁老桥下方河流	河流	严重	轻度	—	—	—	中度	—	轻度
	龙泉镇	美仁村158县道旁	道路旁	—	—	严重	严重	—	—	—	—
		便民街旁	道路旁	—	—	严重	严重	—	—	—	—
	龙塘镇	玉仙村	池塘和湖泊	严重	轻度	严重	严重	—	—	—	轻度
	府城镇	永朗村	道路旁	—	—	严重	轻度	—	—	—	—
		美元村	河流	严重	—	—	中度	—	严重	—	—
三亚市	吉阳区	三浓水库	田洋	—	—	—	—	—	—	—	—
		中廖村路边	池塘和湖泊	—	—	中度	—	—	—	—	—
		中廖村大茅河下游	河流	—	—	中度	中度	—	—	—	—

（续）

市（县）	乡（镇）	调查点	生境	发生程度①（水葫芦）		发生程度②（薇甘菊）		发生程度③（空心莲子草）		发生程度④（福寿螺）	
				3年前	3年后	3年前	3年后	3年前	3年后	3年前	3年后
三亚市	吉阳区	大茅村委会下半岭村水沟	田洋	—	—	—	—	—	—	严重	极重
		上塘村	田洋	—	—	—	—	—	—	—	极重
		上塘村湖泊（猪舍旁）	田洋	严重	—	—	—	—	—	—	严重
		上塘村河流	河流	严重	严重	—	—	—	—	—	—
	崖州区	河南省安阳市农业科学院海南实验基地*	田洋	未调查	中度	未调查	—	未调查	—	未调查	—
		坡田洋水稻田	池塘和湖泊	—	—	—	—	—	—	严重	严重
		坡田洋河流	河流	严重	轻度	—	—	—	—	—	严重
		立村，牛落水库	荒地	—	轻度	—	—	—	—	—	—
	天涯区	文门村点2	林地	—	—	—	—	—	—	—	极重
		文门村	田洋	—	—	—	—	中度	—	中度	极重
		神庭村鱼塘（猪舍旁）	道路旁	严重	—	—	—	—	—	—	—
		土壤水库	田洋	—	—	—	—	—	—	—	—
	海棠区	天涯旁水沟	河流	—	—	—	—	—	—	严重	极重
		竹落岭路	田洋	—	—	—	—	—	—	—	极重

（续）

市（县）	乡（镇）	调查点	生境	发生程度①（水葫芦）		发生程度②（薇甘菊）		发生程度③（空心莲子草）		发生程度④（福寿螺）	
				3年前	3年后	3年前	3年后	3年前	3年后	3年前	3年后
三亚市	海棠区	青田村点2	河流	—	—	—	—	—	—	—	—
		青田村	田洋	—	—	—	—	—	—	—	极重
儋州市	那大镇	屋基村爱尚玫瑰园正门前	道路旁	—	—	严重	中度	—	—	—	—
		两院旁河流	河流	中度	—	—	—	—	—	—	—
		春兰村河沟	河流	严重	严重	—	—	—	—	—	—
	东成镇	平地村	道路旁	—	—	中度	—	—	—	—	—
		洪山村	道路旁	—	—	严重	严重	—	—	—	—
	木棠镇	脍元村脍园桥下方河流	河流	严重	严重	—	—	—	—	—	—
	中和镇	东坡村东坡塘	道路旁	严重	—	—	—	—	—	—	—
		小高地村	河流	轻度	—	—	轻度	轻度	—	—	—
		高第村农田	田洋	—	—	中度	—	—	轻度	—	—
		何宅村白木根山塘	道路旁	严重	—	严重	严重	严重	—	—	轻度
	新州镇	西边村	河流	严重	严重	—	—	—	—	—	—
		西边村农田	田洋	—	—	—	—	中度	中度	—	—
		长塘村	道路旁	—	—	严重	严重	—	—	—	—

（续）

市（县）	乡（镇）	调查点	生境	发生程度[1]（水葫芦）		发生程度[2]（薇甘菊）		发生程度[3]（空心莲子草）		发生程度[4]（福寿螺）	
				3年前	3年后	3年前	3年后	3年前	3年后	3年前	3年后
儋州市	王五镇	官田村徐浦桥下方河流	河流	轻度	—	—	严重	—	—	—	中度
		徐浦村农田	田洋	—	—	严重	严重	—	—	—	—
		徐浦村池塘	池塘和湖泊	严重	严重	严重	严重	—	—	—	—
		灵郎村农田	道路旁	—		中度	轻度	—	—	—	—
		官田村山塘	池塘和湖泊	中度	严重	—		—	—	—	—
	大成镇	可久村农田	田洋	—		—	严重	—	—	严重	严重
	西庆农场	农牧队不知名河流	河流	严重	严重	—	轻度	—	—	—	严重
		场部南正水河流	河流	严重	中度	—	严重	—	—	—	—
		一队	道路旁	—		严重	严重	—	—	—	—
	和庆镇	和庆农场略亚河河流	河流	轻度	—	—	中度	—	—	—	中度
		新征农场山塘	池塘和湖泊	严重	严重	—	严重	—	—	—	中度
	南丰镇	油堂村水电站旁	道路旁	—		严重	严重	—	—	—	—
		坝尾村南茶水库	水库	轻度	轻度	—	中度	—	—	—	—
	八一农场	栖榕新村	道路旁	—		—	严重	轻度	—	—	严重
		三分场七一桥水库	水库	严重	严重	严重	—	—	—	—	—

（续）

市（县）	乡（镇）	调查点	生境	发生程度①（水葫芦）		发生程度②（薇甘菊）		发生程度③（空心莲子草）		发生程度④（福寿螺）	
				3年前	3年后	3年前	3年后	3年前	3年后	3年前	3年后
儋州市	西华农场	场部西华沟桥下方河流	河流	严重	中度	—	严重	—	—	—	—
		二十队水库	水库	—	严重	—	—	—	—	中度	严重
		佳华幼儿园旁河流	河流	中度	中度	—	严重	—	—	—	—
	白马井镇	白马井立交	道路旁	—	—	严重	—	—	—	—	—
		学村高铁下方	河流	严重	—	—	—	—	—	—	—
澄迈县	金安农场	罗浮村农田	池塘和湖泊	严重	—	—	—	—	严重	—	严重
	大丰镇	福龙村农田	田洋	—	—	严重	轻度	—	—	—	—
	福山镇	苏博园泊乐园采摘美食农家乐	林地	—	—	中度	严重	—	—	—	—
		博才村博才田洋	田洋	—	—	—	轻度	—	—	中度	严重
		华良村	道路旁	—	—	中度	严重	—	—	—	—
		土南村农田	道路旁	—	—	严重	严重	—	—	—	—
		土南村美大河旁	道路旁	—	—	严重	严重	—	—	—	—
		墩龙村	道路旁	—	—	中度	中度	—	—	—	—
	红光农场	红波队河流旁	道路旁	—	—	中度	严重	—	—	—	—

（续）

市（县）	乡（镇）	调查点	生境	发生程度①（水葫芦）		发生程度②（薇甘菊）		发生程度③（空心莲子草）		发生程度④（福寿螺）	
				3年前	3年后	3年前	3年后	3年前	3年后	3年前	3年后
澄迈县	金江镇	仁家村	道路旁	—	—	严重	严重	—	—	—	—
		海河村池塘	池塘和湖泊	中度	严重	—	—	—	—	—	—
		文头村山塘	池塘和湖泊	严重	—	严重	严重	—	—	—	—
		墩山村农田	田洋	—	中度	严重	严重	—	—	—	—
		山口村山口洋	田洋	—	—	—	—	—	—	中度	中度
		高山朗村	道路旁	—		严重	严重	—	—	—	—
		北排山村	林地	—	—	中度	严重	—	—	—	—
		海仔村	田洋	中度	—	—	—	—	—	—	中度
	中兴镇	大兴村河流旁	河流	—	—	严重	严重	—	—	—	—
		林峨村	道路旁	—	—	严重	严重	—	—	—	—
		里万村	道路旁	—	—	严重	严重	—	—	—	—
	瑞溪镇	大坡村	田洋	—	—	严重	严重	—	—	—	中度
		瑞溪村农田	田洋	严重	—	—	—	—	严重	—	轻度
		北文村	道路旁	—	—	严重	严重	—	—	—	—

（续）

市（县）	乡（镇）	调查点	生境	发生程度①（水葫芦）		发生程度②（薇甘菊）		发生程度③（空心莲子草）		发生程度④（福寿螺）	
				3年前	3年后	3年前	3年后	3年前	3年后	3年前	3年后
澄迈县	瑞溪镇	北畔仔村北畔仔洋	田洋	—	—	—	—	—	—	中度	严重
		仙儒村池塘	池塘和湖泊	—	—	—	严重	轻度	—	—	中度
	永发镇	谷室村大东洋农田	田洋	—	—	严重	严重	—	轻度	—	严重
		排坑岭村大东洋	田洋	—	—	—	—	—	—	中度	中度
		彩云村排坡洋农田	田洋	严重	中度	—	中度	—	—	—	中度
	文儒镇	旧市村	林地	—	—	中度	严重	—	—	—	—
		南林村	池塘和湖泊	—	—	中度	中度	—	—	—	中度
		军岭村	林地	—	—	中度	—	—	—	—	—
	加乐镇	深空岭村	道路旁	—	—	中度	严重	—	—	—	—
	老城镇	美亭村	道路旁	—	—	中度	中度	—	—	—	—
		白莲村白莲敬老院对面	荒地	—	—	中度	严重	—	—	—	—
文昌市	东路镇	葫芦村葫芦洋	田洋	严重	严重	严重	严重	严重	轻度	—	中度
		葫芦村苗圃	林地	—	中度	严重	中度	—	轻度	—	严重
		高良坡村田洋	田洋	—	—	—	严重	—	—	轻度	严重
		葫芦村龙泉乡园度假村旁河沟	河流	轻度	轻度	—	严重	—	中度	—	严重

（续）

市（县）	乡（镇）	调查点	生境	发生程度①（水葫芦）		发生程度②（薇甘菊）		发生程度③（空心莲子草）		发生程度④（福寿螺）	
				3 年前	3 年后	3 年前	3 年后	3 年前	3 年后	3 年前	3 年后
文昌市	潭牛镇	大庙村荒地	荒地	—	—	严重	严重	—	—	—	严重
	华侨农场	华侨经济区门口居民房屋上	道路旁	—	—	中度	中度	—	—	—	—
		华侨农场河沟	河流	严重	严重	—	—	—	—	—	严重
		华侨农场四队池塘	池塘和湖泊	严重	—	严重	严重	—	—	—	中度
	东阁镇	蛟山村水利沟	河流	轻度	—	—	—	—	—	—	—
		排堆村河沟荒地	荒地	轻度	严重	—	中度	—	—	—	严重
	文教镇	文教桥下方文教河	河流	轻度	轻度	—	—	—	轻度	—	严重
	会文镇	山头村河沟旁	河流	—	—	严重	严重	—	—	—	严重
		山头村河沟 1 号	河流	轻度	—	—	轻度	轻度	—	—	严重
		山头村河沟 2 号	河流	—	—	—	严重	轻度	—	—	严重
		冠南村荒地	荒地	—	—	严重	严重	—	—	—	—
		港尾村荒地	荒地	—	—	严重	严重	—	—	—	严重
	文城镇	迈号村岷里山塘	池塘和湖泊	严重	轻度	—	轻度	—	中度	—	—
		迈号村岷里山塘旁	池塘和湖泊	—	—	中度	轻度	—	—	中度	严重

（续）

市（县）	乡（镇）	调查点	生境	发生程度①（水葫芦）		发生程度②（薇甘菊）		发生程度③（空心莲子草）		发生程度④（福寿螺）	
				3年前	3年后	3年前	3年后	3年前	3年后	3年前	3年后
文昌市	文城镇	大园村河流	河流	严重	严重	严重	严重	—	严重	—	—
		大圆村荒地	荒地	—	—	轻度	严重	—	—	—	—
	龙楼镇	全美村河沟	河流	—	—	—	—	轻度	—	—	严重
		睦敦村旅游公路旁	道路旁	严重	严重	—	—	—	—	—	严重
	昌洒镇	月亮湾河沟	河流	轻度	严重	—	—	—	轻度	—	严重
		田尾村 S206 省道旁河沟	河流	轻度	中度	—	—	—	严重	—	中度
		公侯山 S206 省道旁河沟	河流	轻度	严重	—	中度	—	—	—	—
	翁田镇	下田村珠溪河	河流	轻度	中度	—	轻度	—	—	—	严重
		山富堆村河沟	河流	轻度	中度	轻度	中度	轻度	轻度	—	严重
	冯坡镇	南阳村河沟	河流	严重	严重	—	严重	—	—	—	严重
		白茅村荒地	荒地	—	—	严重	严重	—	—	—	中度
		白茅村河沟	河流	轻度	中度	—	—	轻度	中度	—	严重
	锦山镇	珠溪水利桥下方珠溪河	河流	中度	严重	—	轻度	—	严重	—	中度
		南排田村	河流	—	—	严重	严重	—	—	—	严重

（续）

市（县）	乡（镇）	调查点	生境	发生程度①（水葫芦）		发生程度②（薇甘菊）		发生程度③（空心莲子草）		发生程度④（福寿螺）	
				3年前	3年后	3年前	3年后	3年前	3年后	3年前	3年后
文昌市	锦山镇	士首村池塘	池塘和湖泊	中度	严重	—	严重	—	—	—	中度
		排港村排港田洋	河流	—	严重	严重	严重	—	中度	—	严重
	罗豆农场	北边洋村河沟	河流	严重	严重	—	严重	—	—	—	严重
琼海市	大路镇	大路田洋	田洋	—	—	—	—	—	—	—	中度
		龙吐水库	水库	—	轻度	—	—	轻度	—	—	—
		下沟水库	水库	—	轻度	严重	—	—	—	—	—
		石桥村	田洋	—	—	—	—	—	—	中度	—
		大路村	林地	轻度	—	—	—	—	—	中度	—
	万泉镇	文曲河	河流	严重	严重	—	—	轻度	轻度	—	—
		石塘村路边*	道路旁	未调查	—	未调查	严重	未调查	—	未调查	—
		夏坡河	河流	中度	严重	—	—	—	轻度	—	—
		官塘村房前屋后*	荒地	未调查	—	未调查	严重	未调查	—	未调查	—
		溪口洋	河流	严重	中度	—	—	—	轻度	中度	中度
		溪口村	田洋	—	严重	—	—	—	轻度	—	—
		南汉村	河流	—	中度	—	—	—	轻度	—	—

（续）

市（县）	乡（镇）	调查点	生境	发生程度①（水葫芦）		发生程度②（薇甘菊）		发生程度③（空心莲子草）		发生程度④（福寿螺）	
				3 年前	3 年后	3 年前	3 年后	3 年前	3 年后	3 年前	3 年后
琼海市	龙江镇	石龙洋	河流	—	—	—	—	轻度	—	中度	严重
		加任村	田洋	中度	—	—	中度	—	—	—	—
		石龙村池塘	池塘和湖泊	严重	严重	—	—	轻度	—	—	—
	石壁镇	老街	道路旁	中度	—	中度	—	轻度	—	轻度	—
		荔枝山路边	河流	中度	—	—	—	—	—	—	—
		石壁洋	河流	中度	—	—	—	—	—	—	—
	阳江镇	上科村田洋	田洋	—	—	—	—	轻度	—	轻度	—
		吴村路旁	道路旁	—	—	—	中度	轻度	—	轻度	—
		金盘村*	道路旁	未调查	—	未调查	严重	未调查	—	未调查	—
		蓬龙沟	河流	中度	—	—	—	—	轻度	—	严重
		桥目小桥	河流	—	—	—	—	—	—	轻度	—
		茅株村	河流	—	—	—	—	—	轻度	轻度	中度
		井头墩*	道路旁	未调查	—	未调查	中度	未调查	—	未调查	—
		土尾村	河流	—	中度	—	—	—	—	—	—

（续）

市（县）	乡（镇）	调查点	生境	发生程度①（水葫芦）		发生程度②（薇甘菊）		发生程度③（空心莲子草）		发生程度④（福寿螺）	
				3 年前	3 年后	3 年前	3 年后	3 年前	3 年后	3 年前	3 年后
琼海市	中原镇	仙村小溪	河流	—	—	轻度	—	—	—	—	—
		虎塘水库	水库	—	严重	—	—	—	—	—	—
	嘉积镇	勇敢桥双溪沟	河流	严重	中度	—	—	轻度	—	轻度	—
	塔洋镇	鱼良上坡村七星伴月湖	池塘和湖泊	轻度	严重	—	—	—	—	—	中度
		卫生院预防接种门诊旁	道路旁	—	—	轻度	中度	—	—	—	—
		礼陶村三排岭田洋	田洋	—	—	—	—	轻度	轻度	—	中度
		高郎村路边	道路旁	—	—	中度	严重	—	—	—	—
	潭门镇	金鸡村委会龙阁村田洋	田洋	—	—	—	—	轻度	—	中度	严重
		北埇村排溪	河流	—	严重	—	—	轻度	—	—	—
		下昌村	道路旁	—	—	轻度	中度	轻度	—	—	—
	长坡镇	旧屯洋	田洋	中度	—	轻度	—	轻度	轻度	—	—
		旧屯洋公路旁	道路旁	—	—	中度	—	轻度	—	—	—
		昌芽村	道路旁	轻度	—	—	—	轻度	—	—	—
		金钱水库下游	水库	中度	严重	—	—	轻度	轻度	—	—
		金钱水库	水库	—	严重	—	—	—	—	严重	—

（续）

市（县）	乡（镇）	调查点	生境	发生程度①（水葫芦）		发生程度②（薇甘菊）		发生程度③（空心莲子草）		发生程度④（福寿螺）	
				3年前	3年后	3年前	3年后	3年前	3年后	3年前	3年后
万宁市	大茂镇	太子墓村旁河沟	河流	—	—	—	—	轻度	—	轻度	中度
	后安镇	吴村农田旁	河流	—	严重	—	—	—	—	中度	严重
		后安桥	河流	轻度		轻度	—	轻度	—	—	—
		白石村河沟	河流	中度	轻度	—	—	—	—	—	—
	和乐镇	琉川村河流	河流	严重	轻度	—	—	—	—	—	轻度
		和乐桥下方河流	河流	中度	轻度	—	—	—	—	—	—
		泗水村池塘	池塘和湖泊	严重	严重	—	—	严重	—	—	—
		勤赛村河流	河流	中度	中度	—	—	—	—	—	轻度
		溪狗桥下方溪古河	河流	中度	中度	—	—	中度	轻度	—	轻度
	山根镇	官栈河	河流	轻度	轻度	—	—	—	轻度	—	—
		山根镇政府旁田洋	河流	—	轻度	—	—	—	—	中度	严重
	龙滚镇	熊仔村西坡桥下方农田	田洋	—	—	—	—	中度	—	中度	中度
		龙滚大桥下方河流	河流	轻度	严重	—	—	—	—	—	—
		文澜村坡尾洋	田洋	—	—	—	—	严重	轻度	—	中度

（续）

市（县）	乡（镇）	调查点	生境	发生程度①（水葫芦）		发生程度②（薇甘菊）		发生程度③（空心莲子草）		发生程度④（福寿螺）	
				3年前	3年后	3年前	3年后	3年前	3年后	3年前	3年后
万宁市	龙滚镇	镇上宝龙旅租斜对面	道路旁	—	—	中度	—	—	—	—	—
		端熙村龙滚河旁农田	田洋	轻度	轻度	—	—	—	—	轻度	中度
	万城镇	永范村东山中桥下方河流	河流	轻度	轻度	—	—	—	—	—	中度
		永范村后塘田洋池塘	池塘和湖泊	严重	轻度	—	—	严重	—	严重	中度
		塘仔村南门洋	田洋	—	—	—	—	中度	—	中度	严重
		新庄村东山河	河流	中度	轻度	中度	中度	中度	—	—	—
		北坡村委会岭东桥	河流	轻度	轻度	—	—	—	—	—	严重
		集庄村委会朝阳村田洋	田洋	中度	轻度	—	—	—	—	—	轻度
		椰香饭店旁农田	田洋	轻度	—	—	—	—	—	—	—
	东澳镇	太阳河池塘	池塘和湖泊	严重	轻度	—	—	—	—	—	—
		集丰村太阳河	河流	中度	中度	—	—	—	—	—	—
		宾王村池塘	池塘和湖泊	严重	严重	—	—	—	—	—	严重
		境门村境门桥下方河沟	河流	—	—	—	—	—	—	严重	严重
	礼纪镇	三星村田洋	河流	中度	轻度	—	—	—	—	—	—
		莲花村河沟	河流	—	中度	—	—	中度	—	—	—

（续）

市（县）	乡（镇）	调查点	生境	发生程度①（水葫芦）		发生程度②（薇甘菊）		发生程度③（空心莲子草）		发生程度④（福寿螺）	
				3年前	3年后	3年前	3年后	3年前	3年后	3年前	3年后
		福田村五雷洋	田洋	—	—	—	—	中度	—	中度	严重
	长丰镇	黄加村田洋	河流	—	轻度	—	—	中度	—	中度	—
万宁市		牛漏村太阳河	池塘和湖泊	中度	严重	—	—	—	—	—	—
	兴隆华侨农场	北京村旁牛枥桥下方太阳河	河流	轻度	—	—	—	—	轻度	—	轻度
		二十三队不知名桥下方池塘	池塘和湖泊	轻度	严重	—	—	轻度	轻度	—	—
		那益桥	河流	—	中度	—	中度	—	中度	—	极重
		罗带村罗带桥下河流	河流	轻度	—	—	—		中度	—	严重
		罗带田洋	池塘和湖泊		—	—	—	轻度	轻度	轻度	极重
		华海路	河流	严重	—	—	—	—	—	—	—
东方市	八所镇	罗带村典浪桥下方河流	道路旁	严重	严重	—	—	—	轻度	—	极重
		月村公路旁	道路旁		—	中度	—	—	—	—	—
		往海口方向高速路服务区	水库		—	中度	轻度	—	—	—	—
		红兴村高坡岭水库	池塘和湖泊	轻度	严重	—	—	—	—	—	严重
		西湖	池塘和湖泊	严重	轻度	—	—	—	—	—	较重

（续）

市（县）	乡（镇）	调查点	生境	发生程度①（水葫芦）		发生程度②（薇甘菊）		发生程度③（空心莲子草）		发生程度④（福寿螺）	
				3年前	3年后	3年前	3年后	3年前	3年后	3年前	3年后
东方市	新龙镇	扁豆坡	河流	—	—	—	—	—	—	—	—
	感城镇	帮沟桥	河流	—	—	—	—	—	—	—	—
		感恩河	河流	—	—	—	—	—	—	—	—
		感城镇第二小学的感恩桥下小河流	田洋	严重	严重	—	—	—	—	—	—
		感城镇一号基地田洋	田洋	—	—	—	—	—	—	—	极重
		海洋坡田洋	田洋		—		—	轻度	—	轻度	极重
	板桥镇	加富村	田洋	—	—	—	—	—	—	—	—
		本廉村	田洋	—	—	—	—	—	—	—	极重
		本廉村本廉田洋	道路旁	—	—	—	—	—	—	严重	极重
		板桥高速路口	田洋	—	—	—	—	—	—	—	—
	大田镇	东方市国营广坝农场314省道	田洋	—	—	—	—	—	—	—	极重
		大田万亩田洋	荒地	—	—	—	—	—	—	严重	极重
		G98环线高速*	河流	未调查	—	未调查	中度	未调查	—	未调查	—
		上红兴村*	林地	未调查	严重	未调查	—	未调查	—	未调查	—

（续）

市（县）	乡（镇）	调查点	生境	发生程度①（水葫芦）		发生程度②（薇甘菊）		发生程度③（空心莲子草）		发生程度④（福寿螺）	
				3年前	3年后	3年前	3年后	3年前	3年后	3年前	3年后
东方市	东河镇	314省道新街	田洋	—	—	—	—	—	—	—	极重
		东河桥	河流	—	中度	—	—	—	—	—	极重
	江北乡	玉龙山观景台	田洋	—	—	—	—	—	—	—	—
		江北村	河流	—	—	—	—	—	—	严重	极重
临高县	临城镇	昆尼村城东洋	田洋	严重	—	严重	中度	严重	中度	—	严重
		城东洋	田洋	—	—	—	轻度	—	中度	中度	轻度
		金龙村城东洋	田洋	严重	—	—	严重	—	轻度	—	严重
		杨梅村荒地	荒地	—	—	严重	严重	—	—	—	—
		学田村农田	田洋	严重	严重	—	严重	—	严重	—	严重
		镇上文澜江	河流	轻度	中度	—	轻度	—	中度	—	中度
		兰堂村兰堂江	河流	中度	严重	—	严重	—	轻度	—	轻度
	加来镇	加来桥旁	河流	—	—	严重	严重	—	—	—	—
		和东村农田	田洋	—	—	严重	严重	—	—	—	严重
		和东村荒地	荒地	—	—	严重	严重	—	—	—	—

（续）

市（县）	乡（镇）	调查点	生境	发生程度①（水葫芦）		发生程度②（薇甘菊）		发生程度③（空心莲子草）		发生程度④（福寿螺）	
				3年前	3年后	3年前	3年后	3年前	3年后	3年前	3年后
临高县	加来镇	山风村加来洋	田洋	—	—	—	严重	—	—	中度	严重
		镇上加来洋	荒地	—	—	中度	严重	—	—	中度	中度
		文士村	道路旁	—	—	中度	严重	—	—	—	—
		龙盛村池塘	池塘和湖泊	严重	严重	—	严重	—	—	—	严重
	南宝镇	宝来桥	道路旁	—	—	严重	严重	—	—	—	轻度
		松梅村	道路旁	—	—	中度	中度	—	—	—	—
		松梅村兰文水库旁农田	田洋	轻度	中度	—	—	—	—	—	—
		松明村南宝洋	田洋	—	—	严重	严重	—	—	严重	轻度
	和舍镇	雅训村	林地	—	—	严重	中度	—	—	—	—
		美丰村田洋	田洋	—	—	—	轻度	—	—	中度	中度
		铺仔村	林地	—	—	严重	轻度	—	—	—	—
		群顶村跃进水库边上	水库	—	—	严重	严重	—	—	—	—
	皇桐镇	龙波墟1号	荒地	—	—	严重	严重	—	—	—	中度
		龙波墟2号	荒地	—	—	严重	严重	—	—	—	—
		金波村农田旁河流	河流	中度	中度	—	严重	—	—	—	中度

（续）

市（县）	乡（镇）	调查点	生境	发生程度①（水葫芦）		发生程度②（薇甘菊）		发生程度③（空心莲子草）		发生程度④（福寿螺）	
				3年前	3年后	3年前	3年后	3年前	3年后	3年前	3年后
临高县	多文镇	谭楼村	道路旁	—	—	严重	严重	—	—	—	—
		头神村空心菜基地	田洋	—	—	中度	严重	—	严重	—	严重
	博厚镇	昆珍村	田洋	中度	中度	中度	严重	—	—	—	轻度
	调楼镇	拔色村田洋	田洋	—	—	—	严重	—	—	中度	中度
陵水黎族自治县	英州镇	军田村田洋	田洋	—	—	—	—	—	—	—	严重
		岗山洋	田洋	—	—	严重	—	—	—	—	严重
		崩田村	河流	—	轻度	—	—	轻度	—	—	—
		千秋村	田洋	—	—	—	—	—	—	—	—
		田仔水库	水库	严重	—	—	—	—	—	中度	—
	隆广镇	丹录村路口	道路旁	—	—	严重	—	—	—	—	—
		丹录村桥下	河流	—	—	—	—	—	—	中度	—
		突然村路边	道路旁	—	—	—	轻度	—	—	—	—
		竹利水库	水库	—	轻度	—	—	—	—	—	—
	三才镇	乐安村田洋	田洋	—	—	—	—	严重	—	—	—

（续）

市（县）	乡（镇）	调查点	生境	发生程度①（水葫芦）		发生程度②（薇甘菊）		发生程度③（空心莲子草）		发生程度④（福寿螺）	
				3年前	3年后	3年前	3年后	3年前	3年后	3年前	3年后
陵水黎族自治县	椰林镇	初级中学后	池塘和湖泊	—	—	—	—	—	—	—	严重
		长水田	荒地	—	—	—	—	轻度	轻度	—	中度
		东艾岭	林地	—	—	—	—	轻度	轻度	—	—
		华北村	河流	中度	轻度	—	—	—	—	—	—
		陵水河（入河口）	河流	—	—	—	—	—	—	—	—
		安马大排沟	河流	—	—	—	—	轻度	—	—	—
		红黄蓝幼儿园旁水沟	河流	—	—	—	—	轻度	—	轻度	—
	提蒙乡	提蒙初级中学后池塘	池塘和湖泊	—	—	—	—	—	—	—	—
		石桥村	田洋	—	—	—	—	—	—	轻度	中度
		烟田河	荒地	—	—	—	—	—	—	—	—
	本号镇	南茂村田洋	田洋	—	—	—	—	—	—	—	严重
		广会村池塘	池塘和湖泊	中度	中度	—	—	—	—	—	—
		毛练村	荒地	—	—	—	—	—	—	—	—
		中央洋	田洋	—	轻度	—	—	—	—	—	中度
		军昌村	田洋	中度	—	—	—	—	—	轻度	中度

（续）

市（县）	乡（镇）	调查点	生境	发生程度①（水葫芦）		发生程度②（薇甘菊）		发生程度③（空心莲子草）		发生程度④（福寿螺）	
				3年前	3年后	3年前	3年后	3年前	3年后	3年前	3年后
陵水黎族自治县	南平农场	南平中学后池塘	池塘和湖泊	—	—	—	—	—	—	轻度	—
		南平农场光新队旁	河流	—	轻度	—	—	—	—	—	—
		南顶村桥	河流	—	—	—	—	—	—	—	—
	文罗镇	龙马村	田洋	中度	—	—	—	轻度	—	—	严重
乐东黎族自治县	抱由镇	昌化江*	河流	未调查	—	未调查	—	未调查	—	未调查	—
		大安河	河流	严重	—	—	—	—	—	—	—
		新村田洋	田洋	—	—	—	—	—	—	严重	中度
	大安镇	仁头最村	荒地	—	—	—	—	—	—	—	—
		南木水库下游	水库	严重	中度	—	—	—	—	—	—
		南木水库库头	水库	严重	中度	—	—	—	—	—	—
		南头村田洋	田洋	—	—	—	—	—	—	—	中度
	万冲镇	三人村	田洋	—	—	—	—	—	—	严重	中度
	利国镇	花塘沟	河流	—	轻度	—	—	—	—	—	—
		望楼河	河流	—	轻度	—	—	—	—	—	—

（续）

市（县）	乡（镇）	调查点	生境	发生程度①（水葫芦）		发生程度②（薇甘菊）		发生程度③（空心莲子草）		发生程度④（福寿螺）	
				3年前	3年后	3年前	3年后	3年前	3年后	3年前	3年后
乐东黎族自治县	九所镇	九所村桥下*	河流	未调查	严重	未调查	—	未调查	—	未调查	—
		九所村池塘*	池塘和湖泊	未调查	严重	未调查	—	未调查	—	未调查	—
	黄流镇	蚂蟥塘水库	水库	严重	—	—	—	—	—	—	—
		佛罗水库	水库	—	—	—	—	—	—	—	—
昌江黎族自治县	石碌镇	石碌河	河流	—	—	—	—	—	—	—	中度
		石碌水库	水库	—	—	—	—	—	—	严重	—
		红林农场	田洋	严重	—	—	—	—	—	—	严重
		青坎村*	田洋	未调查	—	未调查	—	未调查	—	未调查	—
		地千村*	田洋	未调查	—	未调查	中度	未调查	—	未调查	—
	叉河镇	水尾新村*	河流	未调查	轻度	未调查	中度	未调查	—	未调查	—
		尾矿水库	水库	严重	中度		中度		—	—	—
	七叉镇	七叉中学后*	荒地	未调查	—	未调查	—	未调查	—	未调查	中度
		七叉乡农场旁*	田洋	未调查	—	未调查	—	未调查	—	未调查	—
		重合村	田洋	—	—	—	—	—	—	严重	严重
		南雅水库*	水库	未调查	—	未调查	—	未调查	—	未调查	—

（续）

市（县）	乡（镇）	调查点	生境	发生程度①（水葫芦）		发生程度②（薇甘菊）		发生程度③（空心莲子草）		发生程度④（福寿螺）	
				3年前	3年后	3年前	3年后	3年前	3年后	3年前	3年后
昌江黎族自治县	七叉镇	七叉村	田洋	—	—	—	—	轻度	—	—	—
		霸王岭林场*	林地	未调查	—	未调查	—	未调查	—	未调查	—
		大仍村*	田洋	未调查	—	未调查	—	未调查	—	未调查	—
		王化水库*	水库	未调查	—	未调查	—	未调查	—	未调查	—
	十月田镇	八所四更*	道路旁	未调查	—	未调查	—	未调查	—	未调查	—
		红田果园	林地	—	—	—	—	—	—	—	—
		红田果园池塘	池塘和湖泊	—	—	—	—	—	—	—	—
		保满村*	荒地	未调查	轻度	未调查	—	未调查	—	未调查	严重
		则宁坡村*	田洋	未调查	—	未调查	—	未调查	—	未调查	—
		保平村	田洋	—	—	—	—	—	—	—	中度
		好清村*	田洋	未调查	—	未调查	—	未调查	—	未调查	—
		五丰村*	田洋	未调查	—	未调查	—	未调查	—	未调查	中度
	乌烈镇	峨港村田洋	田洋	—	—	—	—	—	—	严重	严重
		峨港村水沟	河流	—	轻度	—	—	—	—	严重	严重
		峨沟桥*	河流	未调查	—	未调查	中度	未调查	—	未调查	—

（续）

市（县）	乡（镇）	调查点	生境	发生程度①（水葫芦）		发生程度②（薇甘菊）		发生程度③（空心莲子草）		发生程度④（福寿螺）	
				3 年前	3 年后	3 年前	3 年后	3 年前	3 年后	3 年前	3 年后
定安县	定城镇	农业局附近	田洋	—	—	—	—	—	—	—	—
		美南村	田洋	—	—	—	严重	中度	严重	中度	极重
		沙洲村乐会桥	河流	—	—	轻度	中度	—	—	—	极重
		沙洲村水沟旁	河流	—	中度	—	—	轻度	—	轻度	极重
		南珠村湖泊（定海大桥两侧）	池塘和湖泊	中度	中度	—	中度	—	中度	—	严重
		墩山村 217 乡道边	田洋	—	中度	—	严重	轻度	中度	轻度	严重
		墩山村 202 省道边	荒地	—	—	严重	严重	—	中度	—	—
	雷鸣镇	南九村村委会林田坡村田洋	田洋	—	—	—	严重	—	—	—	—
		龙梅村委会龙梅桥	河流	—	—	中度	严重	—	中度	—	—
		南九村池塘	田洋	中度	—	—	—	—	—	—	—
		石片岭	田洋	—	—	轻度	严重	—	中度	—	严重
		菜市场对面公厕旁	田洋	—	—	—	严重	—	—	—	—
		龙九村委会林田坡田洋	田洋	—	—	—	—	轻度	中度	轻度	严重
		南九店村公路旁	道路旁	—	—	轻度	严重	—	轻度	轻度	—

（续）

市（县）	乡（镇）	调查点	生境	发生程度①（水葫芦）		发生程度②（薇甘菊）		发生程度③（空心莲子草）		发生程度④（福寿螺）	
				3年前	3年后	3年前	3年后	3年前	3年后	3年前	3年后
定安县	龙门镇	红花岭	林地	—	—	—	轻度	—	—	—	—
		道昌村公路旁	道路旁	—	—	轻度	严重	—	—	—	—
		龙拔塘驿站	池塘和湖泊	—	—	轻度	严重	—	—	—	—
		清水塘河流	河流	—	—	—	严重	中度	中度	中度	严重
		英湖村马路旁	道路旁	—	—	严重	严重	—	—	—	—
		英湖村英湖田洋	田洋	—	—	—	中度	轻度	轻度	轻度	严重
		久温塘冷泉乡村公园	池塘和湖泊	严重	严重	—	严重	—	轻度	—	极重
	黄竹镇	白塘水库	水库	—	—	—	中度	—	—	—	严重
		黄竹高速路口	道路旁	—	—	—	—	—	—	—	—
		河头洋	田洋	—	—	—	严重	—	轻度	中度	极重
		河头洋马路旁	道路旁	—	—	轻度	中度	—	—	—	—
		莲堆村槟榔地	林地	—	—	轻度	中度	—	—	—	—
		莲堆村水芹菜种植基地	田洋	—	—	—	中度	中度	中度	中度	极重
		大河村大河桥巡崖河河边	河流	—	—	轻度	严重	—	—	—	中度

（续）

市（县）	乡（镇）	调查点	生境	发生程度[①]（水葫芦）		发生程度[②]（薇甘菊）		发生程度[③]（空心莲子草）		发生程度[④]（福寿螺）	
				3年前	3年后	3年前	3年后	3年前	3年后	3年前	3年后
定安县	龙湖镇	淡岭村佳永桥河流旁	河流	—	—	中度	严重	—	—	—	极重
		佳埇村公路旁	道路旁	—	—	轻度	中度	—	—	—	—
		青年埇村公路旁	道路旁	—	—	严重	中度	—	—	—	严重
		龙湖镇农场	田洋	—	—	—	中度	轻度	—	—	严重
		居丁村马路旁	道路旁	—	—	轻度	严重	—	—	—	—
	新竹镇	祖坡村委会祖坡小学	林地	—	—	—	严重	—	—	—	—
		祖坡村委会山内水库	水库	—	—	—	严重	—	—	—	—
屯昌县	屯城镇	光明洋	池塘和湖泊	—	—	—	—	—	—	—	—
		文旦水库	水库	轻度	严重	—	中度	—	—	—	严重
		文旦洋	田洋	—	—	—	—	轻度	—	轻度	较重
		环东二路大转盘马路旁	道路旁	—	—	轻度	严重	—	—	—	—
		三发村村口路旁	林地	—	—	轻度	—	—	—	—	—
		三发村池塘	池塘和湖泊	—	—	—	—	—	—	—	—
		大同村	田洋	—	—	—	—	—	—	—	严重
		大陆坡村委会	池塘和湖泊	—	—	—	中度	—	—	—	—

（续）

市（县）	乡（镇）	调查点	生境	发生程度①（水葫芦）		发生程度②（薇甘菊）		发生程度③（空心莲子草）		发生程度④（福寿螺）	
				3年前	3年后	3年前	3年后	3年前	3年后	3年前	3年后
屯昌县	坡心镇	坡心镇	田洋	—	—	—	—	—	—	—	—
		高坡洋	田洋	—	—	—	—	中度	—	中度	极重
		新村田洋	田洋	—	—	—	—	—	—	中度	极重
		官朗村	田洋	—	—	—	—	—	—	—	极重
		田曲坡村	田洋	—	—	—	中度	轻度	—	轻度	极重
		大颜河	河流	中度	严重	—	—	—	—	—	—
		高朗洋	田洋	—	严重	—	中度	—	—	中度	较重
	乌坡镇	田寮村	田洋	—	—	—	—	—	—	—	极重
	南吕镇	南吕镇附近马路	池塘和湖泊	—	—	—	—	—	中度	—	极重
		清华洋	田洋	—	—	—	—	—	—	中度	极重
		三岭村委会青华溪	河流	中度	中度	—	—	—	—	—	极重
		龙湾桥	河流	轻度	—	—	—	—	—	—	—
		山田洋	田洋	—	—	—	—	—	—	中度	—
	枫木镇	枫木洋	田洋	—	—	—	—	轻度	—	轻度	极重
		南挽村委会	河流	—	—	—	—	—	—	中度	极重

（续）

市（县）	乡（镇）	调查点	生境	发生程度①（水葫芦）		发生程度②（薇甘菊）		发生程度③（空心莲子草）		发生程度④（福寿螺）	
				3年前	3年后	3年前	3年后	3年前	3年后	3年前	3年后
屯昌县	新兴镇	224国道	田洋	—	—	—	严重	—	—	—	—
		诗礼村	荒地	—	—	严重	中度	—	—	—	极重
		新兴中学围墙外	道路旁	—	—	严重	中度	—	—	—	—
保亭黎族苗族自治县	响水镇	金江农场三区	道路旁	—	—	轻度	—	—	—	—	—
	保城镇	七仙岭国家森林公园路边	林地	—	—	—	严重	—	—	—	—
		新星农场四区三队林业站	池塘和湖泊	—	轻度	—	严重	—	—	—	—
		什么东村保亭河上游	河流	中度	—	中度	中度	中度	—	中度	严重
		七仙清泉温泉养生别墅门口对面	林地	—	—	严重	严重	—	—	—	—
		七仙清泉路	道路旁	—	—	—	严重	—	—	—	—
		新星农场五区三队	田洋	—	—	中度	严重	—	—	中度	—
		龙则村	田洋	—	—	—	—	—	—	严重	极重
		排寥村委会毛介村	道路旁	—	—	—	轻度	—	—	—	—
		山村	田洋	—	—	—	—	—	—	中度	严重

（续）

市（县）	乡（镇）	调查点	生境	发生程度①（水葫芦）		发生程度②（薇甘菊）		发生程度③（空心莲子草）		发生程度④（福寿螺）	
				3年前	3年后	3年前	3年后	3年前	3年后	3年前	3年后
保亭黎族苗族自治县	新政镇	石让村田洋点1	河流	—	—	—	轻度	—	—	—	严重
		石让村田洋点2	田洋	—	—	—	轻度	中度	—	中度	—
	三道镇	首弓村首弓洋	田洋	—	—	—	—	—	—	—	极重
		首弓村首弓洋点1	田洋	—	—	—	—	轻度	—	—	极重
		首弓村首弓洋点2	田洋	—	—	—	—	—	—	严重	极重
		首弓村首弓洋点3	田洋	—	—	—	—	—	—	严重	极重
		赤田水库	水库	轻度	中度	—	—	—	—	—	严重
		农垦三道医院	水库	—	中度	—	—	—	—	—	—
		626县道	田洋	—	—	—	—	—	—	—	极重
琼中黎族苗族自治县	湾岭镇	鹿寨村水库	水库	—	—	—	—	—	—	—	—
		白银埇田洋	田洋	—	—	—	—	—	—	中度	—
		岭门村	田洋	—	—	—	—	—	—	—	—
		石弄村路旁	道路旁	—	—	—	—	—	—	—	—
		金妙朗村大桥	河流	—	—	—	—	—	—	中度	—
		丰里村水库	水库	严重	中度	—	—	—	—	—	—

（续）

市（县）	乡（镇）	调查点	生境	发生程度①（水葫芦）		发生程度②（薇甘菊）		发生程度③（空心莲子草）		发生程度④（福寿螺）	
				3年前	3年后	3年前	3年后	3年前	3年后	3年前	3年后
琼中黎族苗族自治县	营根镇	红洲洋村田洋	田洋	—	—	—	—	—	—	中度	—
		南丰村池塘	池塘和湖泊	严重	中度	—	—	—	—	—	—
		南丰村田洋	田洋	—	—	—	—	—	—	—	—
		升坡村	田洋	—	—	—	—	—	—	—	—
	红毛镇	金屏村田洋	田洋	—	—	—	—	—	—	中度	—
		罗眉水库	水库	—	—	—	—	—	—	—	—
		红毛小学旁	荒地	—	—	轻度	中度	—	—	—	—
	什运乡	什运乡路旁	道路旁	—	—	—	—	—	—	—	—
		什运乡河道	河流	—	—	—	—	—	—	—	—
		什运乡田洋	田洋	—	—	—	—	—	—	—	轻度
	新伟农场	什阜村	池塘和湖泊	—	—	—	—	—	—	—	—
白沙黎族自治县	元门乡	红旗村	田洋	—	—	—	严重	—	—	—	极重
	牙叉镇	牙叉河	河流	轻度	—	—	—	轻度	—	—	—
		牙叉河上游水库	水库	严重	—	—	—	—	—	—	—
		教育局对面小田块	田洋	—	—	—	—	—	中度	中度	严重

（续）

市（县）	乡（镇）	调查点	生境	发生程度①（水葫芦）		发生程度②（薇甘菊）		发生程度③（空心莲子草）		发生程度④（福寿螺）	
				3年前	3年后	3年前	3年后	3年前	3年后	3年前	3年后
白沙黎族自治县	牙叉镇	白沙农场双湖	池塘和湖泊	—	轻度	—	—	—	—	—	极重
		白沙农场大桥下方	河流	—	轻度	—	严重	—	—	—	—
		白沙农场陨石坑	林地	—	—	—	—	—	—	—	—
		牙炳村委会牙炳二桥	河流	—	—	—	—	—	—	—	—
		牙叉农场十队	道路旁	—	—	—	—	—	—	—	—
		探扭村小田块	田洋	—	—	—	—	—	—	—	—
		探扭村探扭二桥	道路旁	—	—	—	—	—	—	—	—
		县城金沙西路	道路旁	—	—	—	—	—	—	—	极重
		儋州田洋	田洋		—		—		—	中度	极重
		315省道	河流	—	—	—	中度	—	—	—	—
		南妹桥	田洋	—	—	—	—	—	—	—	较重
		方香村委会治安联防大队	道路旁	—	—	—	—	—	—	—	极重
	细水乡	周山大桥下方	田洋	—	—	—	—	—	—	—	—
		福门村	河流	—	—	—	严重	—	—	—	严重

（续）

市（县）	乡（镇）	调查点	生境	发生程度①（水葫芦）		发生程度②（薇甘菊）		发生程度③（空心莲子草）		发生程度④（福寿螺）	
				3年前	3年后	3年前	3年后	3年前	3年后	3年前	3年后
白沙黎族自治县	阜龙乡	那也田洋	田洋	—	—	—	—	—	—	中度	极重
		可任桥	田洋	—	—	—	中度	—	轻度	—	极重
		阜龙司法所	河流	—	—	严重	—	—	—	—	极重
	南开乡	南开河	水库	轻度	轻度	—	—	—	—	—	—
	打安镇	合水桥	田洋	—	—	—	—	—	—	—	—
	七坊镇	圣哒哒水库	河流	—	—	—	—	—	—	—	极重
		查苗桥下方河流	河流	轻度	—	—	—	—	—	—	严重
		木棉桥下方	河流	—	—	—	—	—	—	—	—
		木棉村鱼塘	池塘和湖泊	—	—	—	—	—	—	—	极重
	邦溪镇	芭蕉桥	河流	—	—	—	—	—	—	—	—
		芭蕉村芭蕉水库	水库	—	—	—	轻度	—	—	—	严重
		西线高速路口	道路旁	—	—	—	严重	—	—	—	—
		环湖巷（木棉湖）	弛塘和湖泊	—	—	—	严重	—	—	—	—
五指山市	通什镇	福德莱酒店前	道路旁	中度	—	—	—	中度	—	轻度	—
		太平水库	水库	—	—	—	—	轻度	—	—	—

（续）

市（县）	乡（镇）	调查点	生境	发生程度①（水葫芦）		发生程度②（薇甘菊）		发生程度③（空心莲子草）		发生程度④（福寿螺）	
				3年前	3年后	3年前	3年后	3年前	3年后	3年前	3年后
五指山市	通什镇	太平村田洋	田洋	—	—	—	—	轻度	—	—	—
		番茅村	田洋	—	—	—	—	—	—	轻度	中度
		什分村田洋	田洋	—	—	—	—	—	—	—	中度
		福关村田洋	田洋	—	—	中度	—	—	—	—	中度
	畅好乡	草办村田洋	田洋	—	—	—	—	—	轻度	—	中度
		志毛村	田洋	—	—	—	—	轻度	—	—	—
		畅好村	田洋	—	—	中度	—	—	—	轻度	中度
		什奋村	田洋	—	—	—	—	—	—	轻度	—
		志候村	田洋	轻度	—	—	—	—	—	—	—
	南圣镇	南圣桥	河流	轻度	—	—	—	—	—	—	—
		红峡谷	河流	轻度	轻度	—	—	—	—	—	—
		光明村	田洋	—	—	—	—	—	—	—	—
		同甲村	田洋	—	—	—	—	—	—	—	中度
		军民村	田洋	—	—	—	—	—	—	轻度	中度

（续）

市（县）	乡（镇）	调查点	生境	发生程度①（水葫芦）		发生程度②（薇甘菊）		发生程度③（空心莲子草）		发生程度④（福寿螺）	
				3年前	3年后	3年前	3年后	3年前	3年后	3年前	3年后
五指山市	水满乡	保护区登山点	道路旁	—	—	轻度	中度	—	—	—	—
		国家自然保护区	林地	—	—	轻度	中度	—	—	—	—
		冲门村路边	道路旁	—	—	—	中度	—	—	—	—
		热带雨林风景区	林地	—	—	轻度	中度	—	—	—	—
	毛阳镇	石绿村	田洋	轻度	—	中度	—	轻度	—	—	中度
		毛兴村	田洋	—	—	—	—	—	—	—	—
		什苗村	田洋	—	—	—	—	—	—	—	—
		空联村	田洋	—	—	—	—	—	—	—	—

注：—表示无发现，* 表示3年后增加的调查点。

①水葫芦的发生程度划分为：盖度＜10%为轻度，盖度在10%～30%为中度，盖度＞30%为严重。

②薇甘菊的发生程度划分为：盖度＜3%为轻度，盖度在3%～20%为中度，盖度＞20%为严重。

③空心莲子草的发生程度划分为：盖度＜5%为轻度，盖度在5%～30%为中度，盖度＞30%为严重。

④福寿螺的发生程度划分为：零星发生为每$5m^2$＜1头；轻微发生为每$5m^2$ 1～2头；中度发生为每$5m^2$ 3～10头；较重发生为每$5m^2$ 10～30头；严重发生为每$5m^2$ 30～100头；极重发生为每$5m^2$＞100头。

附表 2　海南省 18 市（县）水葫芦、薇甘菊、空心莲子草、福寿螺分布频率及点位发生程度变化（3 年前和 3 年后）

市（县）	调查点数量/个		外来入侵生物	分布点/个		分布频率		不同发生程度点位的分布频率					
								轻度		中度		严重（含较重、严重和极重）	
	3 年前	3 年后		3 年前	3 年后	3 年前	3 年后	3 年前	3 年后	3 年前	3 年后	3 年前	3 年后
海口市	33	33	水葫芦	17	13	0.52	0.39	0.03	0.15	0.15	0.12	0.33	0.12
			薇甘菊	15	28	0.45	0.85	0.06	0.12	0.21	0.18	0.18	0.55
			空心莲子草	2	16	0.06	0.48	0	0.06	0.06	0.15	0.0	0.27
			福寿螺	4	19	0.12	0.58	0	0.36	0.12	0.06	0	0.15
			4 种都有	0	5	0	0.15	—	—	—	—	—	—
			无发生	0	0	0	0	—	—	—	—	—	—
三亚市	18	19	水葫芦	4	4	0.22	0.21	0	0.11	0	0.05	0.22	0.05
			薇甘菊	2	1	0.11	0.05	0	0	0.11	0.05	0	0
			空心莲子草	1	0	0.06	0	0	0	0.05	0	0	0

（续）

市（县）	调查点数量/个		外来入侵生物	分布点/个		分布频率		不同发生程度点位的分布频率					
								轻度		中度		严重（含较重、严重和极重）	
	3年前	3年后		3年前	3年后	3年前	3年后	3年前	3年后	3年前	3年后	3年前	3年后
			福寿螺	4	10	0.22	0.53	0	0	0.05	0	0.17	0.53
三亚市	18	19	4种都有	0	0	0	0	—	—	—	—	—	—
			无发生	8	5	0.44	0.26	—	—	—	—	—	—
儋州市	33	33	水葫芦	19	13	0.58	0.39	0.12	0.03	0.09	0.09	0.36	0.27
			薇甘菊	13	20	0.39	0.61	0	0.09	0.09	0.09	0.30	0.42
			空心莲子草	4	2	0.12	0.06	0.06	0.03	0.03	0.03	0.03	0
			福寿螺	2	8	0.06	0.24	0	0.03	0.03	0.09	0.03	0.12
			4种都有	0	0	0	0	—	—	—	—	—	—
			无发生	0	5	0	0.15	—	—	—	—	—	—

（续）

市（县）	调查点数量/个		外来入侵生物	分布点/个		分布频率		不同发生程度点位的分布频率					
								轻度		中度		严重（含较重、严重和极重）	
	3 年前	3 年后		3 年前	3 年后	3 年前	3 年后	3 年前	3 年后	3 年前	3 年后	3 年前	3 年后
澄迈县	34	34	水葫芦	6	3	0.18	0.09	0	0	0.06	0.06	0.12	0.03
			薇甘菊	24	26	0.71	0.76	0	0.06	0.32	0.12	0.38	0.59
			空心莲子草	1	3	0.03	0.09	0.03	0.03	0	0	0	0.06
			福寿螺	4	12	0.12	0.35	0	0.03	0.12	0.21	0	0.12
			4 种都有	0	0	0	0	—	—	—	—	—	—
			无发生	0	1	0	0.03	—	—	—	—	—	—
文昌市	35	35	水葫芦	21	20	0.60	0.57	0.31	0.09	0.06	0.14	0.23	0.34
			薇甘菊	15	27	0.43	0.77	0.06	0.14	0.06	0.14	0.31	0.49
			空心莲子草	6	12	0.17	0.34	0.14	0.14	0	0.11	0.03	0.09
			福寿螺	2	28	0.06	0.80	0.03	0	0.03	0.17	0	0.63
			4 种都有	0	6	0	0.17	—	—	—	—	—	—
			无发生	0	1	0	0.03	—	—	—	—	—	—

（续）

市（县）	调查点数量/个		外来入侵生物	分布点/个		分布频率		不同发生程度点位的分布频率					
								轻度		中度		严重（含较重、严重和极重）	
	3年前	3年后		3年前	3年后	3年前	3年后	3年前	3年后	3年前	3年后	3年前	3年后
琼海市	37	41	水葫芦	15	15	0.41	0.37	0.08	0.05	0.22	0.10	0.11	0.22
			薇甘菊	8	9	0.22	0.22	0.11	0	0.08	0.12	0.03	0.10
			空心莲子草	16	10	0.43	0.24	0.43	0.24	0	0	0	0
			福寿螺	12	8	0.32	0.20	0.16	0	0.14	0.12	0.03	0.07
			4种都有	1	0	0.03	0	—	—	—	—	—	—
			无发生	5	10	0.14	0.24	—	—	—	—	—	—
万宁市	34	34	水葫芦	23	24	0.68	0.71	0.26	0.41	0.26	0.12	0.15	0.18
			薇甘菊	3	1	0.09	0.03	0.03	0	0.06	0.03	0	0
			空心莲子草	13	5	0.38	0.15	0.09	0.15	0.21	0	0.09	0
			福寿螺	10	18	0.29	0.53	0.06	0.15	0.18	0.18	0.06	0.21
			4种都有	0	0	0	0	—	—	—	—	—	—
			无发生	0	3	0	0.09	—	—	—	—	—	—

（续）

市（县）	调查点数量/个		外来入侵生物	分布点/个		分布频率		不同发生程度点位的分布频率					
								轻度		中度		严重（含较重、严重和极重）	
	3年前	3年后		3年前	3年后	3年前	3年后	3年前	3年后	3年前	3年后	3年前	3年后
东方市	25	27	水葫芦	6	7	0.24	0.26	0.08	0.04	0	0.07	0.16	0.15
			薇甘菊	2	3	0.08	0.11	0	0.04	0.08	0.07	0	0
			空心莲子草	2	4	0.08	0.15	0.08	0.07	0	0.07	0	0
			福寿螺	5	15	0.20	0.56	0.08	0	0	0	0.12	0.56
			4种都有	0	1	0	0.04	—	—	—	—	—	—
			无发生	12	8	0.48	0.30	—	—	—	—	—	—
临高县	29	29	水葫芦	9	7	0.31	0.24	0.07	0	0.10	0.14	0.14	0.10
			薇甘菊	18	28	0.62	0.97	0	0.14	0.17	0.10	0.45	0.72
			空心莲子草	1	7	0.03	0.24	0	0.07	0	0.10	0.03	0.07
			福寿螺	6	18	0.21	0.62	0	0.17	0.17	0.21	0.03	0.24
			4种都有	0	3	0	0.10	—	—	—	—	—	—
			无发生	0	0	0	0	—	—	—	—	—	—

（续）

市（县）	调查点数量/个		外来入侵生物	分布点/个		分布频率		不同发生程度点位的分布频率					
								轻度		中度		严重（含较重、严重和极重）	
	3年前	3年后		3年前	3年后	3年前	3年后	3年前	3年后	3年前	3年后	3年前	3年后
陵水黎族自治县	29	29	水葫芦	5	6	0.17	0.21	0	0.17	0.14	0.03	0.03	0
			薇甘菊	2	1	0.07	0.03	0	0.03	0	0	0.07	0
			空心莲子草	7	2	0.24	0.07	0.21	0.07	0	0	0.03	0
			福寿螺	6	9	0.21	0.31	0.14	0	0.07	0.14	0	0.17
			4种都有	0	0	0	0	—	—	—	—	—	—
			无发生	13	13	0.45	0.45	—	—	—	—	—	—
乐东黎族自治县	11	14	水葫芦	4	6	0.36	0.43	0	0.14	0	0.14	0.36	0.14
			薇甘菊	0	0	0	0	0	0	0	0	0	0
			空心莲子草	0	0	0	0	0	0	0	0	0	0
			福寿螺	2	3	0.18	0.21	0	0	0	0.21	0.18	0
			4种都有	0	0	0	0	—	—	—	—	—	—
			无发生	5	5	0.45	0.36	—	—	—	—	—	—

（续）

市（县）	调查点数量/个		外来入侵生物	分布点/个		分布频率		不同发生程度点位的分布频率					
								轻度		中度		严重（含较重、严重和极重）	
	3年前	3年后		3年前	3年后	3年前	3年后	3年前	3年后	3年前	3年后	3年前	3年后
昌江黎族自治县	11	26	水葫芦	2	4	0.18	0.15	0	0.12	0	0.04	0.18	0
			薇甘菊	0	4	0	0.15	0	0	0	0.15	0	0
			空心莲子草	1	0	0.09	0	0.09	0	0	0	0	0
			福寿螺	4	9	0.36	0.35	0	0	0	0.15	0.36	0.19
			4种都有	0	0	0	0	—	—	—	—	—	—
			无发生	4	13	0.36	0.50	—	—	—	—	—	—
定安县	35	35	水葫芦	3	4	0.09	0.11	0	0	0.06	0.09	0.03	0.03
			薇甘菊	15	30	0.43	0.86	0.29	0.03	0.06	0.29	0.09	0.54
			空心莲子草	8	13	0.23	0.37	0.14	0.11	0.09	0.23	0	0.03
			福寿螺	9	17	0.26	0.49	0.14	0	0.11	0.03	0	0.46
			4种都有	0	3	0	0.09	—	—	—	—	—	—
			无发生	8	3	0.23	0.09	—	—	—	—	—	—

（续）

市（县）	调查点数量/个		外来入侵生物	分布点/个		分布频率		不同发生程度点位的分布频率					
								轻度		中度		严重（含较重、严重和极重）	
	3 年前	3 年后		3 年前	3 年后	3 年前	3 年后	3 年前	3 年后	3 年前	3 年后	3 年前	3 年后
屯昌县	26	26	水葫芦	4	4	0.15	0.15	0.08	0	0.08	0.04	0	0.12
			薇甘菊	4	8	0.15	0.31	0.08	0	0	0.23	0.08	0.08
			空心莲子草	4	1	0.15	0.04	0.12	0	0.04	0.04	0	0.12
			福寿螺	9	15	0.35	0.58	0.12	0	0.23	0	0	0.58
			4 种都有	0	0	0	0	—	—	—	—	—	—
			无发生	9	6	0.35	0.23	—	—	—	—	—	—
保亭黎族苗族自治县	19	19	水葫芦	2	3	0.11	0.16	0.05	0.05	0.05	0.11	0	0
			薇甘菊	4	9	0.21	0.47	0.05	0.16	0.11	0.05	0.05	0.26
			空心莲子草	3	0	0.16	0	0.05	0	0.11	0	0	0
			福寿螺	7	10	0.37	0.53	0	0	0.21	0	0.16	0.53
			4 种都有	1	0	0.05	0	—	—	—	—	—	—
			无发生	8	1	0.42	0.05	—	—	—	—	—	—

（续）

市（县）	调查点数量/个		外来入侵生物	分布点/个		分布频率		不同发生程度点位的分布频率					
								轻度		中度		严重（含较重、严重和极重）	
	3年前	3年后		3年前	3年后	3年前	3年后	3年前	3年后	3年前	3年后	3年前	3年后
琼中黎族苗族自治县	17	17	水葫芦	2	2	0.12	0.12	0	0	0	0.12	0.12	0
			薇甘菊	1	1	0.06	0.06	0.06	0	0	0.06	0	0
			空心莲子草	0	0	0	0	0	0	0	0	0	0
			福寿螺	4	1	0.24	0.06	0	0.06	0.24	0	0	0
			4种都有	0	0	0	0	—	—	—	—	—	—
			无发生	10	13	0.59	0.76	—	—	—	—	—	—
白沙黎族自治县	31	31	水葫芦	4	3	0.13	0.10	0.10	0.10	0	0	0.03	0
			薇甘菊	1	8	0.03	0.26	0	0.03	0	0.06	0.03	0.16
			空心莲子草	1	2	0.03	0.06	0.03	0.03	0	0.03	0	0
			福寿螺	3	15	0.10	0.48	0	0	0.10	0	0	0.48
			4种都有	0	0	0	0	—	—	—	—	—	—
			无发生	23	11	0.74	0.35	—	—	—	—	—	—

（续）

市（县）	调查点数量/个		外来入侵生物	分布点/个		分布频率		不同发生程度点位的分布频率					
								轻度		中度		严重（含较重、严重和极重）	
	3年前	3年后		3年前	3年后	3年前	3年后	3年前	3年后	3年前	3年后	3年前	3年后
五指山市	24	24	水葫芦	5	1	0.21	0.04	0.17	0.04	0.04	0	0	0
			薇甘菊	6	4	0.25	0.17	0.13	0	0.13	0.17	0	0
			空心莲子草	5	1	0.21	0.04	0.17	0.04	0.04	0	0	0
			福寿螺	5	8	0.21	0.33	0.21	0	0	0.33	0	0
			4种都有	0	0	0	0	—	—	—	—	—	—
			无发生	8	11	0.33	0.46	—	—	—	—	—	—

附录 2　4 种外来入侵生物在海南省的发生实景

1. 水葫芦在海南省的发生实景

水葫芦在海南省的发生实景见附图 1 和附图 2。

附图 1　水葫芦为害实景

附图 2　水葫芦抢占水菜花的生存空间（大量水葫芦在水菜花周围“包围式”生长，摄于定安县龙门镇久温塘冷泉乡村公园）

2. 薇甘菊在海南省的发生实景

薇甘菊在海南省的发生实景见附图 3。

附图 3　薇甘菊为害实景

3. 空心莲子草在海南省的发生实景

空心莲子草在海南省的发生实景见附图 4。

附图 4　空心莲子草为害实景

4. 福寿螺在海南省的发生实景

福寿螺在海南省的发生实景见附图 5。

附录 2　4 种外来入侵生物在海南省的发生实景

附图 5　福寿螺为害实景

图书在版编目（CIP）数据

海南省外来入侵生物发生与监测：水葫芦、薇甘菊、空心莲子草和福寿螺 / 黄锋，王树昌，邢建平主编．—北京：中国农业出版社，2023.11
ISBN 978-7-109-31578-5

Ⅰ．①海…　Ⅱ．①黄…　②王…　③邢…　Ⅲ．①外来入侵植物—监测—海南②外来入侵动物—监测—海南　Ⅳ．①S44②S45

中国国家版本馆 CIP 数据核字（2023）第 226004 号

中国农业出版社出版
地址：北京市朝阳区麦子店街 18 号楼
邮编：100125
责任编辑：刁乾超　　文字编辑：陈　灿
版式设计：李　文　　责任校对：吴丽婷
印刷：中农印务有限公司
版次：2023 年 11 月第 1 版
印次：2023 年 11 月北京第 1 次印刷
发行：新华书店北京发行所
开本：850mm×1168mm　1/32
印张：7.5
字数：188 千字
定价：48.00 元